中国海洋大学教材建设基金资助

海洋政治概论

Introduction to the Ocean Politics

主　编：金永明

副主编：弓联兵　宋宁而

世界知识出版社

图书在版编目（CIP）数据

海洋政治概论 / 金永明主编；弓联兵，宋宁而副主编. --北京：世界知识出版社，2024.2

ISBN 978-7-5012-6598-5

Ⅰ.①海… Ⅱ.①金… ②弓… ③宋… Ⅲ.①海洋地理学—政治地理学—概论 Ⅳ.①P72

中国版本图书馆 CIP 数据核字（2022）第 217381 号

责任编辑 蒋少荣 刘豫徽
责任出版 赵 玥
责任校对 张 琨

书　　名 **海洋政治概论**
Haiyang Zhengzhi Gailun
主　　编 金永明
副 主 编 弓联兵 宋宁而

出版发行 世界知识出版社
地址邮编 北京市东城区干面胡同 51 号（100010）
网　　址 www.ishizhi.cn
电　　话 010-65233645（市场部）
经　　销 新华书店
印　　刷 北京虎彩文化传播有限公司
开本印张 787 毫米×1092 毫米 1/16 15 印张
字　　数 210 千字
版次印次 2024 年 2 月第一版 2024 年 2 月第一次印刷
标准书号 ISBN 978-7-5012-6598-5
定　　价 78.00 元

《海洋政治概论》编辑委员会

前　言

海洋政治是国家对海洋权利的主张和立场，关系国家的主权和领土完整，关联国家之间的关系和发展进程。所以，海洋政治是海洋研究的重点。

国内外学者对海洋政治的研究成果多是从海权、权力、权利，以及海洋自由等视角，分析海洋强国对海洋的霸占和海洋资源的利用，以及依靠海上军事力量繁荣和发展国家的历史，如美国阿尔弗雷德·塞耶·马汉（Alfred Thayer Mahan）。马汉在《海权论：海权对历史的影响》（简称《海权论》）中主张拥有并运用优势海军和其他海上力量确立对海洋的控制权和实现国家的战略目的，并把地理位置、自然结构、领土范围、人口、民族特点以及政府的特点和政策等作为影响海权的六个条件。

荷兰法学家雨果·格劳秀斯（Hugo Grotius）从自然法和神法等角度强调海洋对所有人开放，人人拥有交通便利的权利，主张海洋是自由的。受此影响，一些国家在海权发展进程中为追求自身的利益，独霸海洋及其资源利益，进行持续扩张和殖民统治。这种违反海洋本质和特性的行为，以及过分追求自身利益、损害整体利益的做法自然遭到挫折和失败，教训沉痛，损失惨重。

第二次世界大战后制定的《联合国宪章》在其第二条规定了基本原则，包括在国际关系中尤其在解决国家之间的争议时禁止使用武力或威胁使用武力的原则，所以这种利用军力的海权发展受到限制，各国需要通过和平的方法维护海洋秩序，在维护国际社会整体利益的同时，实现国家海洋利益诉求和目标。

国内学者在对传统海权理论研究的基础上，运用地缘政治理论、相互依赖理论和国际法理论，对世界海洋政治的主要理论进行了归纳和总结，提出了符合新时代要求的海洋发展理论，以替代传统主要依靠武力发展和利用海洋的海权理论，如刘中民的《世界海洋政治与中国海洋发展战略》(2009 年) 和牟方君、孙利龙编的《世界海洋政治概论》(2017 年) 等。

换言之，海洋政治研究经历了对运用武力的研究为主向对适用制度和规则，规范海洋利益的研究为主的发展阶段，相应地，国家对海洋的政治诉求的实现也需要作出调整，特别应从国际法的视角分析和研究国家海洋权益主张和这种权益获取的合理性、正当性，以消除先前从国际法尤其是国际海洋法制度角度研究海洋政治不足的状况。

实际上，在高度重视海洋的空间和资源开发、利用和保护海洋的现今社会，因各国所处的自然环境、资源禀赋、文化和历史各异，以及理据的差异等原因，国际社会存在着多个与海洋问题有关的争议，这种情况在《联合国海洋法公约》生效（1994 年 11 月 16 日）后更为突出。例如，专属经济区制度的设立一方面增加了沿海国的管辖范围，另一方面导致了海域重叠现象并需要在相向或相邻国家之间进行海域划界的工作，所以各国竞相将海洋作为角逐的场域，以获取较多自身发展所需的海洋利益。当然，《联合国海洋法公约》的实施为规范海洋事务和海洋活动提供了基础和保障。换言之，《联合国海洋法公约》既有优点，也有弊端，因为它是一揽子交易，是折中和妥协的结果。出现这种结果的主因是平衡各方的海洋政治主张和要求，因此，研究海洋政治问题就显得特别紧要。可见，海洋政治本质是以各国针对海洋的政治诉求及运用力量和手段获取海洋利益为研究目的和对象的学科。

在各国之间的海洋政治尤其是领土主权的博弈过程中，特别需要考察历史和国际法的依据，为合理解决各国之间存在的海洋争议提供遵循和指导。从历史上看，传统领土取得理论包括先占、割让、征服（合并)、时效和添附。在这些方法中，既有单方面的行为，也有双方面的行为。在第二次世界大战以后，特别在禁止使用或威胁使用武力原则成为国际强制法后，国际社会的领土争端均被要求使用和平的方法解决，尤其在领土取得理论中，出现了民族自决可取得领土主权的新理论。

国际法中的上述理论和原则，也应运用于海洋政治领域，因为规范海洋问题的海洋法是国际法的重要而古老的分支，因此各国既要运用国际法的理论包括《联合国宪章》的宗旨和原则处理海洋问题，又应顾及海洋领域的特殊性。

一般而言，在现代海洋法中，规范海洋事务的综合性成文法主要为“日内瓦海洋法公约”体系（1958年）和《联合国海洋法公约》（1982年）体系。它们经历了历史性的产生、发展和演进后，形成由主权原理、海洋自由原理和共同体原理支撑的海洋法制度，并已细化为多项原则，例如陆地支配海洋原则、距离原则、公海自由原则、公平（衡平）原则、适当顾及原则、人类共同继承财产原则、保护海洋环境原则、合作原则、和平利用海洋原则、和平解决海洋争端原则等。尤其应该指出的是，为丰富和发展海洋法规范，国际社会一方面通过《联合国海洋法公约》自身的组织机构补充和完善有关制度，另一方面通过涉海国际组织和国家实践制定具有指导性的文件和制度，以进一步补充和发展海洋法制度性规范。这表明海洋法是一种通过内外方式方法不断发展的鲜活的制度性条约体系。其目的是为合理处理海洋争议问题尤其是海洋政治问题提供丰富的规范性制度，实现人类与海洋和谐共生，实现海洋可持续发展和构建海洋命运共同体目标。

可以预见的是，海洋法体系的发展趋势将呈现保护海洋利益多元（保护法益的多元化）、促进人类共同和可持续发展，以及采取预防方法和综合性管理的价值取向和发展趋势。在这种不断变化和调整的过程中，中国在海洋领域已作出了巨大的贡献，包括坚持和平共处五项原则、坚持利用和平方法与公平解决海洋争端的原则、倡导"主权属我，搁置争议，共同开发"[①]的方针、倡导"和谐海洋"、提出"一带一路"倡议和"海洋命运共同体"理念，并正在为实现其蕴含的具体目标不断地努力，尤其在回顾历史、立足现实和展望未来基础上，不断地完善国内海洋法制和政策，以提供更多的公共产品，并解决已存在的海洋争议问题。

从上述目的和愿望出发，本书立足中国，面向未来，考察了海洋自由的缘起、海洋自由的理论争议、一些主要海洋大国的实践，在指出中国的海洋政策和法律制度，以及新疆域的现状和特点后，提出了海洋政治应依法处理即依法治海的重要性和发展趋势。所谓的依法治海就是依法主张权利、依法维护和使用权利、依法解决权利争议。此处的"法"应是国际社会或多数国家广泛接受的原则、规则和制度。如果对"法"的认知、解释发生争议，则应在有关国家之间进行商议，包括在国家同

① 一般认为，"搁置争议，共同开发"政策源于时任副总理邓小平于1978年10月25日在日本记者俱乐部的回答内容。邓小平指出，这个问题（钓鱼岛问题）暂时搁置，放它十年也没有关系；我们这代人智慧不足，这个问题一谈，不会有结果；下一代一定比我们更聪明，相信其时一定能找到双方均能接受的方法。参见《邓小平在日本出席"西欧式"记者招待会》，载《邓小平与外国首脑及记者会谈录》编辑组编《邓小平与外国首脑及记者会谈录》，台海出版社，2011，第315—320页；日本记者俱乐部编《面向未来友好关系》（1978年10月25日），第7页。对于南海尤其是南沙群岛领土争议问题，邓小平于1984年明确提出了"主权属我，搁置争议，共同开发"的解决方针。1986年6月，邓小平在会见菲律宾副总统萨尔瓦多·劳雷尔时，指出南沙群岛属于中国，同时针对有关分歧表示，"这个问题可以先搁置一下，先放一放。过几年后，我们坐下来，平心静气地商讨一个可为各方接受的方式。我们不会让这个问题妨碍与菲律宾和其他国家的友好关系"。1988年4月，邓小平在会见菲律宾总统科拉松·阿基诺时重申"对南沙群岛问题，中国最有发言权。南沙历史上就是中国领土，很长时间，国际上对此无异议"；"从两国友好关系出发，这个问题可先搁置一下，采取共同开发的办法"。参见中华人民共和国新闻办公室：《中国坚持通过谈判解决中国与菲律宾在南海的有关争议》，人民出版社，2016，第25页。

意的基础上加以适用。本书期望通过对海洋政治的研究，为我国加快建设海洋强国、推进“一带一路”倡议、构建海洋命运共同体等提供参考意见和建议。

海洋政治所涉领域宽，范围广，意涵深，存在历史性、民族性、安全性、法理性等特点，需要运用综合性知识和交叉性学科的分析工具和动态方法，才能窥见其真谛。因此，我们仅靠主要从历史学、政治学和法学（国际海洋法）的视角展开分析，又限于自身的人力和学识，显然很难全面深入驾驭海洋政治的本质和趋势。我们希望通过组织策划编写和出版本教材，推动本学科的发展，并为国家海洋事业的发展添砖加瓦。热忱欢迎各界人士和读者提出宝贵的意见和建议，以便在后续的工作中补充和修正。

目　录

第一章

海洋地缘政治与海洋自由概要

地理大发现以后，随着民族国家的出现和扩张，海洋开始成为人类生活和国家发展赖以依靠的地缘环境。进入21世纪以来，伴随海洋战略地位的不断提升，海洋地缘政治进一步发展，给国际政治带来新面貌和新挑战。与此同时，全球海洋也进入维持现状与建立新秩序的变化进程中。

第一节　海洋地缘政治理论

西方许多经典的海洋地缘理论在20世纪初诞生，地缘政治学者们通过两次世界大战将理论融入实践。从此，海洋地缘政治学的发展也达到了历史的鼎盛时期。[①] 这一时期比较具有代表性的理论包括“海权论”“陆权论”与“边缘地带论”。

---

① 韩增林、彭飞、张耀光、刘天宝、钟敬秋：《海洋地缘政治研究进展与中国海洋地缘环境研究探索》，《地理科学》2015年第2期。

一、马汉的“海权论”

系统的“海权论”由美国海军战略家马汉提出。马汉认为，海洋对滨海国家人类的生存及发展具有决定性意义，国家如果想要拥有海权，就需要在建设海军力量的同时取得海外补给基地。“海权论”在当时欧洲国家疯狂争夺殖民地的情况下提出，为这一争夺提供了理论依据，对世界各国产生了广泛而深远的影响。

（一）“海权论”提出的时代背景

19世纪末，马汉最先系统提出海权概念。马汉认为，所谓海权就是凭借海洋或是通过海洋能够使一个民族成为伟大民族的一切东西。[①] 马汉提出“海权论”的背景可以解读如下。

第一，人类对海洋的认识达到了前所未有的水平。人类远洋航行的探索证明了在大洋的彼岸有着难以计数的财富有待发现与挖掘，海洋是通向财富的通道。而马汉生活在科学技术蓬勃发展的第二次工业革命时期，新兴技术的出现提高了人类认识海洋和探索海洋的能力。

第二，人类的海战基本经验不断丰富。经过千百年的海战实践探索，人类开始重视海战作用，总结海战原则，积累海战经验。随着时代的推进，欧洲各国大幅度加剧了各自对海洋的控制与争夺，对海洋的控制与争夺在资本的驱使之下愈演愈烈。到了马汉生活的时代，资本主义从自由竞争演变为垄断，帝国主义国家对殖民地的竞争变得越来越激烈，海上竞争和较量也是如此。由于对现有的殖民地分配格局不满意，新兴帝国主义国家大力推动海军发展，与老牌资本主义国家竞争，试图

① 胡波：《后马汉时代的中国海权》，海洋出版社，2018，第3页。

对海外殖民地进行重新分配。

第三，前人更好地研究和理解了海战。公元前4世纪，古希腊哲学家色诺芬提出，对于陆战而言，控制海洋起着重要的作用。19世纪的瑞士军事理论家约米尼也曾断言，在欧洲政治军事中，占据最重要地位的即海上均势，把握制海权对入侵大陆影响重大。[①] 马汉同时代的研究者也开始对海权的重要性有了认识，并且，其中部分学者对海战开展了细致的研究，提出了许多有见地的观点。这一时期，涌现出了克劳塞维茨、拿破仑等一批著名的军事理论家，马汉提出“海权论”，正是受上述理论家军事思想启发的结果。马汉的理论还深受约米尼的影响，他成功地将约米尼的陆战理论适用于海战之中。海权思想吸纳了古希腊军事思想、近代军事思想中的精华，高度总结了人类海战特别是近代以来海战历史。

第四，美国的历史与社会条件具有特殊性，也为“海权论”的诞生提供了发展的温床。美国在19世纪末超过了老牌资本主义国家，使得美国垄断资产阶级对国外市场产生了更迫切的需求。但当时孤立主义认为美国应该将海洋作为天然屏障，不要卷入欧洲的冲突，这无疑限制了美国政府的决策。特别是在海军发展上，这一思想持消极冷漠的态度。马汉对美国海军予以了严厉的批评，认为美国的海军在改革问题上过于保守。他强烈主张为确保美国的生存与发展，美国应该建设海军力量，拥有强大的海军，获取充足的海外基地。但是在当时，美国国内正是孤立主义盛行之时，无论是政府还是国会，都没有打算为建设一支强大的海军力量投入巨资。马汉认为，在这种情况下，美国急需出现一种海军理论，唤醒国会和政府，使之认识到，实现美国未来的繁荣强盛，强大的海军至关重要。[②]

---

① 邓碧波、孙爱平：《马汉海权论的形成及其影响》，《军事历史》2008年第6期。

② 邓碧波、孙爱平：《马汉海权论的形成及其影响》，《军事历史》2008年第6期。

（二）影响“海权”的构成要素

马汉认为影响“海权”的构成要素主要包括六个方面。

第一，地理位置。马汉指出，但凡一国所处之位置，使其无须依靠陆地扩张，而是直指海洋，则该国相比以大陆为界的国家处于更有利的地理位置之上。[①] 如果一国所处地理位置既便于进攻，又处于进入公海的通道上，还控制世界交通的主干线，那么很明显，它的地理位置具有很大的战略价值。[②]

第二，自然结构，包括相关自然产物和气候。一个国家的海岸线构成其边界的一部分，为通往海洋提供便利通道。一个只有漫长的海岸线而没有港口的国家，不可能有属于自己的海洋贸易、海运或海军。众多的深海港口有利于国家实力和财富的增长。[③]

第三，领土范围。这里所指的领土范围只涉及国土本身，不包括居住在那里的人民。一个国家的总面积、海岸线长度，以及列入考量的港口的特性，都是会影响海权发展的领土范围。如果考虑人口的多少，那么，海岸线的长短将会成为一个国家强弱的根源。[④]

第四，人口。海权发展，需要考虑人口的特征。人口因素因与领土范围关联密切，因而成为首要考虑因素。而判断人口因素，除了计算总人口数外，还须计算当时任职的海员或在舰艇上从事雇佣作业和生产海军物资的人数。[⑤]

第五，民族特性。如果说海权确实是建立在贸易基础之上，那么一

① 阿尔弗雷德·塞耶·马汉：《海权论：海权对历史的影响》，冬初阳译，时代文艺出版社，2014，第30页。

② 阿尔弗雷德·塞耶·马汉：《海权论：海权对历史的影响》，第31页。

③ 阿尔弗雷德·塞耶·马汉：《海权论：海权对历史的影响》，第34页。

④ 阿尔弗雷德·塞耶·马汉：《海权论：海权对历史的影响》，第41页。

⑤ 阿尔弗雷德·塞耶·马汉：《海权论：海权对历史的影响》，第43页。

个依靠海洋而强大起来的民族，其习性亦通常倾向于从贸易中获利。喜欢贸易是发展海权最为重要的民族特性，要发展贸易还必须为贸易生产某些特定产品。民族特性还以另一种方式影响海权的发展，即一个民族是否有能力建立和发展殖民地。①

第六，政府的性质。海权的发展明显受到政府形式和制度，以及各个时期统治者的影响。但凡一国政府完全受到民众特性与精神的影响，了解民众的真切感受与愿望，那么这个国家在明智政府的领导下必然会取得巨大的成就。②

（三）“海权论”对世界各国的影响

马汉的“海权论”提出之后，深刻影响了世界上许多国家的政策，成为部分国家向海外扩张的理论依据。

1. 美国

马汉在书中主张以国家繁荣和强大的名义发展海军力量，这一主张对美国社会大众发展海洋意识，对美国政府关注海洋政策起到了至关重要的作用。

到20世纪初，美国已经跻身世界海军强国行列，其海军实力居世界第二位，仅次于英国。西奥多·罗斯福还专门组织了一次舰队环球航行，向世界各国展示美国海军的强大力量。第一次世界大战期间，马汉的军事理论与思想也使美国当局获得了启发。可以说，马汉的理论为美国对外扩张提供了“正当性依据”，这一理论的问世意味着美国开始放弃其孤立主义政策，并将在海军和商业事务中与英国一决高下，争夺世界领导的地位。

---

① 阿尔弗雷德·塞耶·马汉：《海权论：海权对历史的影响》，第47—53页。

② 阿尔弗雷德·塞耶·马汉：《海权论：海权对历史的影响》，第55页。

2. 英国

《海权论》的出版无疑给英国的海权倡导者极大的自信，可以说是注入了一剂强心针。[①] 1889 年，为了加强并加速英国海军舰队的建设，英国当局决定，英国建设的海军必须至少可以与世界任何两大强国的海军力量之和相抗衡，因此，这一建设标准也被称作“双强国标准”。[②] “双强国标准”的海军建设为英国在第一次世界大战中战胜德国发挥了关键性作用。

3. 德国

1890 年 3 月，德国首相俾斯麦被德国皇帝威廉二世解职，原因在于两者产生了严重分歧。俾斯麦认为德国应维持在欧洲的大陆霸权。但威廉二世认为德国需要的是发展世界海上霸权，德国迅速扩大的商船队、日益增长的对外贸易，以及争夺海外殖民地，都使德国迫切需要一支海军力量。然而，威廉二世不知道如何改变本国民众顽固的大陆意识，他急需一套完整而系统的建立强大海军的理论。因此，获得马汉作品的威廉二世欣喜若狂。[③] 威廉二世赞叹马汉的所有观点都很经典，他的作品属于第一流的作品。他不仅决定要把马汉的观点牢记在心里，还提出德国所有的舰船上都要配备马汉的著作，要求德国的海军舰长和军官们经常性地引用马汉的理论和观点。可以说，德国皇帝从马汉的“海权论”及其观点中获得了强大的信念，他决意要让德国去争夺海洋，控制海洋，并据此实现崛起。自此，德国的战略方针为之一变，从一味注重陆军建设转向大力强化海军建设。不仅如此，德国政府还制定并实施了庞

---

① 邓碧波、孙爱平：《马汉海权论的形成及其影响》，《军事历史》2008 年第 6 期。
② 刘中民：《世界海洋政治与中国海洋发展战略》，时事出版社，2009，第 63 页。
③ 邓碧波、孙爱平：《马汉海权论的形成及其影响》，《军事历史》2008 年第 6 期。

大的海军建设计划，出台的战略理论，例如“冒险理论”和“存在舰队”战略，也都极具德国特色。自此，德国走上了海军的扩建强军之路，也因此成为第一次世界大战中英国的强劲对手。①

4. 俄国

长期以来，俄国作为一个内陆国家，由于缺少属于本国的出海口，一直处于闭塞状态。因此，俄国统治者对出海口持有强烈的渴望。彼得大帝认为水域是俄国所需，因而不惜从南北两个方向上作战，以求争夺海域。在他及其继任者的不懈努力之下，俄国终于获得了黑海与波罗的海的出海口。不难想象，当俄国的统治者读到马汉的著作时，也对其青睐有加，将其奉为圣典。凭借马汉的思想与理论，沙皇尼古拉二世时期，俄国海军得以迅速崛起，加入了与欧洲海军强国竞争的行列。②

5. 法国

法国是当时世界海军强国之一，《海权论》的出版和相关论述也引起了该国的注意。法国海军军事学院战略与战术学教授、海军上校达里耶曾直言，马汉的著作需要一读再读。这位海军将领十分赞赏马汉关于法国海军教训的评述，他痛惜于法国历史上的海军力量损失，认为法国海权衰落的教训十分深刻。之后，他写下《海上战争》一书，希望能引起国民对海上争夺的重视。③

6. 日本

马汉《海权论》的出版也对日本起到了直接而重要的影响。该书出

---

① 邓碧波、孙爱平：《马汉海权论的形成及其影响》，《军事历史》2008 年第 6 期。
② 邓碧波、孙爱平：《马汉海权论的形成及其影响》，《军事历史》2008 年第 6 期。
③ 邓碧波、孙爱平：《马汉海权论的形成及其影响》，《军事历史》2008 年第 6 期。

版之后，旋即被译成日文，并在皇室与政府中广为传阅，其读者不仅包括日本的天皇与皇太子，也包括各级政府官员，同时还有学校的教师和学生，读者不可谓不广泛。

在日本海军发展初期，佐藤铁太郎是一位不容忽视的人物。佐藤铁太郎是日本的海军中将、海军战略家，他对马汉的思想理论作了巧妙的改造，还借此创立了具有日本特色的海防理论。日本海军的发展离不开佐藤的倡导，佐藤的倡导则离不开马汉思想的支持。此后，日本赢得了甲午海战和对马海战的胜利，成为20世纪初的世界海军强国。①

（四）海权概念的争议与发展

关于海权概念的争论焦点首先在于“海权”究竟应该是专指军事能力或影响的狭义概念，还是包括军事、政治、经济等与海洋权势有关的所有内涵的广义概念。第二次世界大战后的海权理论家们通常认为海权的概念不能局限于海军，但对于哪些非军事因素应被纳入其中莫衷一是。对此，萨姆·探戈里蒂作出了较为折中的定义，他认为，海权可以被界定为一国进行海上贸易和利用海洋资源的能力，将军事力量投送到海上并对海洋和局部地区的商业和冲突进行控制的能力，以及使用海军从海上对陆上事务施加影响的能力的总和。②

胡波的观点是，海权至少包括三层不同的内涵，分别为作为力量的海权、作为权力关系的海权，以及作为资源或能力的海权。海权作为一种力量，指的是舰队、商船队、渔船队、飞机等可以在海上运行的平台或装备，它包括海军、海警、商船等直接海上力量，以及陆军、空军和空间等力量的可能贡献。海权作为一种权力关系，是指一国在海上比其他国家更具有优势地位，能够依靠海洋，强制或者影响另一个国家在海

① 邓碧波、孙爱平：《马汉海权论的形成及其影响》，《军事历史》2008年第6期。

② 胡波：《后马汉时代的中国海权》，第3页。

上和陆上的活动。一国海权的强弱，主要取决于其在国际海洋格局中所处的位置，这就决定了海权具有先天对抗性的特点。海权作为一种资源或能力，是指对海洋大国而言，海权是不可或缺的东西。因此海权应该包括成为海洋强国的一切要素，重点是可以成就海上军事强国的相关资源。①

必须指出的是，无论基于何种解读，海权都不是一个如海洋权益、海洋权利那样的法律概念，它是一个政治性的概念。②

此外，胡波认为，海洋控制（sea control）作为海权的核心概念，有两个层面的内涵：使海洋为自己所有，或防止它为敌所用。③ 从这两层内涵可知，海洋控制不是需要实现的目标，也非特定的现实，而是一种实现目标和达成现实的特定能力。从狭义来看，海洋控制是指对海洋交通线的掌控。从广义来看，海洋控制则指在战争时期，为军事和非军事目的使用某些特定海域及其范围的能力；在和平时期，则表现为一定程度的海上影响。

二、麦金德的“陆权论”

继马汉的“海权论”之后，英国地理学家哈尔福德·麦金德（Halford Mackinder）提出“陆权论”。“陆权论”的主要观点是：谁统治了东欧，谁就能控制大陆心脏地带；谁控制大陆心脏地带，谁就能控制“世界岛”；谁能控制“世界岛”，谁就能控制整个世界。④

---

① 胡波：《后马汉时代的中国海权》，《边界与海洋研究》2017年第5期，第8页。

② 胡波：《后马汉时代的中国海权》，《边界与海洋研究》2017年第5期，第8页。

③ 澎湃新闻：《后马汉时代：注重战略相持，而非“决战决胜”》，2018年6月19日，https://www.thepaper.cn/newsDetail_forward_2203779，访问时间：2021年8月9日。

④ 黄仁伟：《地缘理论演变与中国和平发展道路》，《现代国际关系》2010年第8期，第19页。

（一）“陆权论”提出的时代背景

哈尔福德·麦金德是英国的地理学家，也是陆权派地缘战略理论的创始人。麦金德认为俄国控制的欧亚大陆腹地是未来世界和平与安全的关键，这一观点与马汉一致。麦金德对海上强国兴衰的研究，并没有拘泥于独霸海洋的传统议题，相反，麦金德的研究主要聚焦在海上强国基地与陆上强国基地之间的关系。在麦金德看来，物产丰富、安全的本土基地是过去和现在的海上强国都有的一个共同点。倘若缺乏领土的根据，则国家便会丧失向海外扩张、强化海上力量的动机。正因如此，安全富饶的生产基地就变得至关重要，要控制海洋，就需要首先具备稳固的陆地资源。换言之，以陆地的力量来控制海洋，相比起以海上力量控制陆地要容易得多。[①]

（二）“陆权论”的形成过程

1904年，麦金德发表《历史的地理枢纽》一文，他首次提出“欧亚大陆心脏说”。“欧亚大陆心脏说”的中心命题是，世界史主要是陆上人类与海上人类反复斗争的历史。陆上霸权的中心则处于欧亚大陆的心脏地带——“枢纽区”，具体指的是欧亚大陆腹地的中心。这是一片幅员辽阔的地带，有着大面积的沙漠与草原，山脉环绕，拥有北冰洋和内陆的水系，是海上人类难以深入的天然要塞。麦金德指出，正是陆上交通工具的发展，使得欧亚大陆的心脏地带成为最重要的战略区域。同时，麦金德还指出，除了心脏地带之外，还有两个巨大的“新月形地带”，一是由欧洲、中东、印度和中国组成的“内新月形地带”；二是包括南北美洲、撒哈拉沙漠以南的非洲和澳大利亚的“外新月形地带”。

① 刘中民：《世界海洋政治与中国海洋发展战略》，第67页。

而陆上人类很容易通过“内新月形地带”侵入海上人类的范围，可以说“内新月形地带”是一个薄弱环节。麦金德认为，20 世纪初发生的大多数国际争端，都是由位于“枢纽区”和“内新月形地带”之间的地区的不稳定状态造成的。当陆权大国向边缘地带扩张时，海权国家的势力将会被从立足不稳的边缘地带驱逐出去。①

1919 年，麦金德出版《民主的理想与现实》一书，提出了著名的“世界岛”理论，该理论把亚洲大陆、欧洲大陆、北非大陆视作完整的“世界岛”，认为由这块陆地的南部与西部沿海地带构成了“世界的海角”。“世界岛”可以通过太平洋、大西洋、印度洋扩展到“世界的海角”，从而形成全球性的控制体系。“枢纽区”现在被命名为“心脏地带”。“心脏地带”主要向两个方向扩展，一个是中亚细亚山地，其地理特征使得制海权很难达到这一区域；另一个则是东欧，这一带被麦金德断言为控制“心脏地带”的关键。而麦金德之所以将东欧地区划入，是因为在他看来，当时的德国已然取代俄国，成为英国的首要威胁。②

1943 年，麦金德发表了《周围的世界与赢得和平》一文。在这部作品中，麦金德再次提到大陆腹地。麦金德认为，纳粹德国猛烈的全球性攻势唯有陆权国家和海权国家相互联合，加以抵抗，才能对付。麦金德还重新确立了“心脏地带”的范围，他指出，“心脏地带”包括撒哈拉沙漠、中亚沙漠、西伯利亚和北美的北极与亚极地的荒原，它们形成了一个聚集在北极地区附近的环形带，环形带内所围的是与陆中大洋（即北大西洋）连接在一起的重新确定的心脏地带。相比他在 1910 年的想法，这一次他排除了叶尼塞河以东的广大地带。他认为，由“心脏地带”东面的陆权国家苏联和西面的海权国家英、法、美联合起来，形成了牢牢制服德国的两道坚固的防线。他还预测，一旦苏联打败德国，则

① 刘中民：《世界海洋政治与中国海洋发展战略》，第 68 页。

② 刘中民：《世界海洋政治与中国海洋发展战略》，第 68 页。

它将崛起成为地球上最强大的陆权国家，而北大西洋两岸的国家将与之抗衡。这一预测基本符合后来美苏抗衡、争霸世界的形势。①

麦金德以开阔的视野，将地理和历史相结合，对世界进行了地理政治学的探索。虽然在当时，他的著述影响甚微，但却对此后的西方地理政治思想产生了深远的影响。第二次世界大战之后，他预言式的判断给英国的地理学家和政治领导人留下了深刻印象。②

三、斯皮克曼的“边缘地带论”

斯皮克曼提出的“边缘地带论”被认为是对“海权论”和“陆权论”的修正。他按照地理性质，把世界分为内陆、岛屿和边缘三种。他认为对海权国家造成威胁的并不是地处欧亚大陆的“心脏地带”。而“心脏地带”和西方国家势力所控制的沿海地带之间的地带才是真正的威胁所在，斯皮克曼称之为欧亚大陆的“边缘地带”。他指出，“边缘地带”才是世界权力争夺的关键所在。斯皮克曼的这一地缘政治理论对美国的对外政策产生了深远影响。

（一）“边缘地带论”的理论渊源

斯皮克曼的美国地缘政治全球观形成于第二次世界大战期间。该理论之所以在这一时期形成，既是因为斯皮克曼有意将这一思想作为工具，用以对抗卡尔·豪斯浩弗的地缘政治理论，也是因为他要给美国的对外政策寻找合适的理论依据。“边缘地带论”是当时美国地缘战略思维的集中性呈现。斯皮克曼提出，北美洲的太平洋沿岸地区、欧洲的沿海地区以及欧亚大陆的远东沿海地区是世界三大实力中心。在这三大世

① 刘中民：《世界海洋政治与中国海洋发展战略》，第69页。
② 刘中民：《世界海洋政治与中国海洋发展战略》，第69页。

界实力中心中，欧洲沿海地区对美国最为重要，因为美国最重要的地区都朝向东方，正对着大西洋。德国和日本的结盟意味着这两个国家会携手控制欧亚大陆的三大实力中心，美国只有与英国携手，才能保住世界强国的地位。美国应在均势体系中充当“平衡者”的角色，为此美国必须保持在欧亚大陆边缘地带的优势地位。[①]

斯皮克曼的学说是对马汉与麦金德的理论的修正与发展。“边缘地带论”既沿袭了地缘政治学的思维，继承了两种学说的思想，又契合时代发展，对两种学说进行了修正。斯皮克曼直接继承了马汉的战略学说，又与麦金德的全球观点接近。马汉最为重要的贡献是提出了一套服务于美国的完整的“海权”理论，而斯皮克曼亦追随马汉的脚步，主张“边缘地带”是争夺世界的关键，将“边缘地带”看作海上强国进入欧亚大陆的前沿阵地，以及遏制大陆强国向海洋扩张的缓冲地带。斯皮克曼在其代表作《和平地理学》中分析了麦金德“心脏地带”学说的缺陷。斯皮克曼不认为世界历史主要是海陆势力对抗的历史，并指出海权国家与陆权国家的对抗并非不可避免，只要海权国家和陆权国家能够实现有效的联合，共同反对某个试图控制“边缘地带”的国家，则它们有可能维持住一种均衡与稳定。[②]

（二）“边缘地带论”的主要观点

斯皮克曼按照地理性质，将世界分为内陆、岛屿和边缘三种区域。他认为，海权国家所受到的威胁并非来自欧亚大陆的“心脏地带”，而是来自心脏地带和西方势力所控制的沿海地带之间的地带，亦即欧亚大陆的“边缘地带”。这一地带由“内新月形地带”构成，正如麦金德所称，其范围包括西欧、南欧、中东、南亚次大陆和远东大陆等沿海地

① 刘中民：《世界海洋政治与中国海洋发展战略》，第 76 页。

② 刘超：《评斯皮克曼的边缘地带理论》，《社会科学论坛》2003 年第 12 期。

区。这一地带的世界权力特征更加鲜明并切实，且人口数量庞大，自然资源丰饶，它的周围则分布着一条环绕大海的交通线，这条交通线沿着海岸，与整个海权国家聚集区相连接，海上和陆上交通均较发达。不难发现，虽然“边缘地带论”对“海权论”与“陆权论”各有扬弃，但其实质不过是“海权论”的延伸。“边缘地带”是海权与陆权之间冲突的一个巨大的缓冲地带，它必然有着双重重要性，既是海洋强国进入欧亚大陆的前沿阵地，又是遏制大陆强国向海洋扩张的缓冲地带，它从海陆两面保卫自身。①

斯皮克曼认为麦金德高估了“心脏地带”的作用，认为欧亚大陆的“边缘地带”才是世界地缘政治的核心地带。由于战略空军等最新军事力量的快速发展，大陆腹地变得越来越容易受到攻击，大陆腹地经济发展水平也没有使其成为世界上最先进地区之一。两次世界大战中，决定性的战斗主要发生在“边缘地带”，而非“心脏地带”。他由此得出结论：谁支配着“边缘地带”，谁就控制欧亚大陆；谁支配着欧亚大陆，谁就掌握世界的命运。

（三）“边缘地带论”的影响

首先，“边缘地带论”对美国的战略布局有着重要影响。乔治·凯南那令人耳熟能详的“八千字电报”正是根据斯皮克曼的地缘战略理论起草的。这份文件全面系统地分析了战后苏联的理论、意图、政策和做法，并提出了美国应采取的应对方略。冷战开始后，美国在“边缘地带论”的指导下，积极推行控制欧亚边缘的扩张政策，在全世界展开活动。在20世纪40年代后期至50年代中期的数年间，美国建立起了一个联盟体系，该体系从东北亚经西太平洋、东南亚、南亚、中东、地中

① 刘中民：《世界海洋政治与中国海洋发展战略》，第76页。

海、西欧直至北大西洋，实现了对欧亚大陆边缘的包围。其次，世界形势由此发生转变。世界形势开始从陆权国家与海权国家争夺欧亚大陆“冲突地带”，转变为美国通过控制“边缘地带”遏制和围堵苏联与中国。纵观美国地缘战略思维的发展历程，尽管其各个时期的具体内涵各有不同，但特定战略思维一直贯穿始终，即将陆权国家与海权国家的冲突与对立视作既定前提，将追求海洋空间视作战略重点，将控制欧亚大陆“边缘地带”视作核心任务，以遏制欧亚大陆陆权国家为战略目的，以维持欧亚大陆力量均衡为战略手段。“边缘地带论”充分诠释了所谓海权国家的地缘战略思维。

（四）斯皮克曼“边缘地带论”的局限性

尽管斯皮克曼的“边缘地带论”影响深远，但理论局限却也同样显著。第一，世界上没有哪个“边缘地带”大国能组织起全部的“边缘地带”。这是因为，“边缘地带”容易受到“心脏地带”大国和近海大国的攻击。试想，一个统一的海洋欧洲必须首先完全控制地中海、北非、中东、撒哈拉沙漠以南的非洲、澳大利亚，然后才能考虑对其余“边缘地带”的战略控制。[①] 况且，上述情况只有在“心脏地带”或美洲大国不干预的前提下才有机会成功。第二，统治“边缘地带”不等于控制“世界岛”，正如控制“心脏地带”并不等于控制“世界岛”。冷战时期，美国费尽心机构筑起“边缘地带”军事网络，结果却并未让本国在地缘格局上占据多少优势。“心脏地带”一直牢牢控制于苏联的掌中。第三，内陆交通线的重要性，即使在边缘各部分之间，今天也比斯皮克曼设想的要大。[②]

无论是“海权论”“陆权论”，还是将两者结合的“边缘地带论”，

---

① 刘超：《评斯皮克曼的边缘地带理论》，《社会科学论坛》2003年第12期。

② 刘超：《评斯皮克曼的边缘地带理论》，《社会科学论坛》2003年第12期。

尽管各种理论内容各有千秋，甚至观点对立，但透过形形色色的理论包装，可以发现，“海权”一直是各派地缘政治学家关注的焦点。事实上，各派理论都对国际地缘政治格局和大国对外战略产生了影响，尽管程度各不相同，但各自影响都可谓深远。巧用理论，妥善处理海权与陆权关系的国家中，不乏从中受益并崛起者，但有些国家运用不当，做法极端，片面追求海权或陆权，则给世界和本国带来了深重的灾难。教训不可谓不深刻。[1]

第二节　自由主义国际关系理论

自由主义是对国际关系实践产生深刻影响的思潮之一，海洋政治作为国际关系实践的重要领域也深受其影响。新自由主义的罗伯特·基欧汉和约瑟夫·奈在《权力与相互依赖》中通过四个理论模式来分析“权力”，解释国际制度的变迁。新自由主义对现实主义的研究方法提出了挑战，突破了从单一的权力维度思考国际政治的思维方法，指出战后大国强权的作用正在国际政治的发展过程中相对减弱，第三世界国家作用则在持续得到强化；政治力量和军事力量的作用呈弱化趋势，而经济因素的作用则不断增强；国家作用受到限制，国际组织的作用得到加强。

一、海洋国际制度变化理论

新自由主义将国际制度界定为一系列对于相互依赖关系产生影响的

① 刘中民、黎兴亚：《地缘政治理论中的海权问题研究——从马汉的海权论到斯皮克曼的边缘地带理论》，《太平洋学报》2006年第7期。

具有控制性的安排。同时，基欧汉和奈表示，在国际政治的诸多领域，根本不存在规则，但特定国际制度还是经常性地发挥着重要的影响。①

基欧汉和奈所提出的用以解释国际制度变化的四种理论模式可概括如下。

第一，经济过程解释模式。这一模式通过经济分析解释国际制度的变迁。主要观点是，随着技术的变革以及经济相互依赖的加强，现存的各种国际制度将不断过时，或因经济和技术变化瓦解，但从长远来看不会彻底崩溃。②

第二，总体权力结构解释模式。这一模式从各国间权力分配状况的角度解释国际制度的变迁。其主要观点是，在一种体系中，各国间权力分配状况，亦即结构决定着国际制度的性质。其中，军事实力是最重要的权力资源。

第三，问题领域结构解释模式。这一模式通过问题所在领域的不同来解释国际制度的变迁。这一模式认为，世界事务已经被划分成不同的问题领域，而各个问题领域中又都有着各自的权力与制度的控制者，从而使得各个问题领域不能照常、有效地联系起来。

第四，国际组织解释模式。这一模式致力于通过国际组织解释国际制度的变迁。这一模式认为，在国际组织的国际政治结构中，制度是按潜能分配状况来建立和组织的。但是随后，有关的网络、规则和机构也影响行为体发挥潜能的能力。随着时间的推移，各国基本潜能将愈来愈难以作为国际制度特点的预测器，影响结果的权力将依赖于组织的潜能。③

---

① 刘中民：《世界海洋政治与中国海洋发展战略》，第90页。

② 罗伯特·基欧汉、约瑟夫·奈：《权力与相互依赖》，门洪华译，北京大学出版社，2012，第36—40页。

③ 罗伯特·基欧汉、约瑟夫·奈：《权力与相互依赖》，第36—40页。

根据新自由主义的基欧汉与奈的观点，经济过程解释模式解释了国际制度变化的经济动因，解释了海洋问题领域中制度变化的必要却不充分的条件。总体权力结构解释模式最为简单，试图利用军事力量对比以说明国际制度的性质，但这样的方法难以提供足够的解释力。基欧汉等指出，军事力量的结构绝不是与海洋制度公然相违背，但在任何情况下，规则制定的权威与军事权力的整体水平间总是存在着相当程度的不一致。实际上，问题领域结构解释模式非常适用于早期的海洋政治。在海洋自由制度建立之时，总体军事制度中存在着多国之间的均势，只不过海上权力是单极的。然而，1967 年以后，海洋制度的变化却不能以基本权力结构的变化来加以解释，因为新兴的弱小国家带头挑战由美国控制的国际海洋制度。[①] 国际组织解释模式有利于解释 1967 年以来海洋政治及其制度的变化。1967 年马耳他驻联合国代表在讲话中预测，技术的进步将打开深海洋底宝库的大门。[②] 可以说，这一讲话既加速了大国讨论问题的进程，也更多地从分配海洋资源的角度重新塑造了海洋问题，而不是简单将海域作为公共道路而管理。

在联合国海洋法会议上，是否会形成一部为大部分国家所认可的条约，这姑且不论，但可以肯定的是，到 1976 年，自由海洋制度已经因政治方面的变化而发生了永久性改变。这一变化，在国际组织解释模式中有着集中的呈现。

基欧汉和奈剖析各种模式对海洋领域国际制度变化的解释能力后，得出结论，认为 1967 年以来的海洋政治已经接近于复合相互依赖的状

---

① 1945 年，美国总统杜鲁门发表了两个有关海洋的声明：一个宣布美国在连接本国海岸的海上有权对渔业资源采取养护措施，另一个宣布“毗连美国海岸的大陆架的底土和海床的自然资源属于美国，受美国的管辖和控制”。根据美国国务院的补充声明，大陆架指上覆水深 600 英尺的海床和底土。这样，美国就把约 70 万平方英里（181.3 万平方千米）的海底资源攫为己有，参见 http://jwc.ouc.edu.cn/hydxt/2011/0112/c6868a33068/page.htm，访问日期：2019 年 10 月 12 日。

② 刘中民：《世界海洋政治与中国海洋发展战略》，第 92 页。

态。[①] 随着技术的变革，再加上 1967 年后，石油和矿物资源逐渐成为国际热门话题，海洋政治开始更多地关注资源分配问题，以及如何圈占或防止他人圈占全球公地的问题。在这一背景之下，大国领导维持自由海洋制度不再被认为是公益事业，因此对大国而言，维护制度的成本变得更加高昂了。[②]

二、基欧汉等的“复合相互依赖论”

经济全球化的浪潮席卷之下，世界经济一体化进程加速，各国利益相互交织，彼此融合，相互依赖程度普遍深化。罗伯特·基欧汉与奈提出了“复合相互依赖”的概念。[③]

（一）“复合相互依赖论”的观点

1977 年，《权力与相互依赖》一书出版，该书为罗伯特·基欧汉与约瑟夫·奈合著，复合相互依赖理论也由此被创建。该理论可谓西方相互依赖思想的集大成，也因此成为各理论流派主要的批评对象。从国际关系理论史的角度看，可以说，这一理论对国际关系学研究作出了卓越的贡献。

“复合相互依赖”描述了与国际政治学传统的“战争状态”（state of war）形成强烈对比的一系列条件。因此，“复合相互依赖”条件下决策者面临的机遇和限制，不同于传统的现实主义世界。当他国使用武力的危险迫在眉睫时，如现实主义所假设的，国家的存亡有赖于其对外来事

---

① 刘中民：《世界海洋政治与中国海洋发展战略》，第 94 页。

② 刘中民：《世界海洋政治与中国海洋发展战略》，第 95 页。

③ 李沈明：《罗伯特·基欧汉和约瑟夫·奈〈权力与相互依赖〉的相互依赖理论研究》，硕士学位论文，湖北大学，2017。

件迅速作出反应的能力。国内政治变化无常，睿智的政治家将努力摆脱其羁绊。他们常常遵循历经检验的均势或权力政治准则，完全关注外来事件，并忽视国内限制。在其他战略情势下，机动性和突发性非常重要，行为体的具体行为有些难以预测。但是，每个国家都将全力关注自身的安全困境及其权力热望。因此，对军事力量的考虑在政策选择中占有重要地位。

在“复合相互依赖”下，武力的作用可忽略不计，这些限制也有所放宽。各国不再必须根据军事力量的平衡和军事结盟的性质调整重大外交政策。另外，在多种多样、不存在等级区分的问题上出现了各国多渠道的交往，增加了各国施加影响的机会。冲突点和合作点都有所增加，外交政策的整体形势更为复杂。结果是国家的谈判选择变得多样化了。它们可以选择重视哪些问题，忽视哪些问题；在哪些问题上要求对方让步，在哪些问题上自己妥协。限制的减少和机遇的增多，使得可行政策的范围更为宽泛。

假定国家是自治的实体，政治家在制定政策时总是深思熟虑，我们可得出如下结论：“复合相互依赖”增加了决策者的选择空间。旧有的限制已被侵蚀，新的机遇已经出现。但对决策者而言，不幸的是，“复合相互依赖”的其他方面也引起了新的限制——它们不像“战争状态”的限制那样不可预测，但常常具有同等约束力。各社会之间出现的交往渠道，不仅为政府提供了影响杠杆，也为非政府行为体提供影响政府的途径。跨国公司等组织是其中重要的行为体。交往的多渠道也意味着跨国关系的增加，这会对政府政策的连贯性产生负面影响。各群体之间相互依赖的加强，与政府对社会和经济加强监督结合起来，有可能首先导致间接事务政策相互依赖（政府无意中影响了他者），而后导致直接的政策相互依赖。新问题有可能出现，但并非经过决策者的深思熟虑，而是国内压力或应对被强大集团视为具有负面影响的跨国互动导致。[①]

（二）对“复合相互依赖论”的评价

“复合相互依赖论”具有相应的学术贡献，这一理论提升了国际关系理论的解释力，但同时，“复合相互依赖论”也有着不可否认的学术缺陷。

1.“复合相互依赖论”的学术贡献

第一，“复合相互依赖论”质疑了现实主义的基本假定，冲击了国家中心的思维逻辑，提出了多元主义的研究范式，确立了供国际关系学者做研究的新研究纲领。自从第二次世界大战以来，现实主义一直在国际关系理论中占据主导地位。对基欧汉和奈而言，“复合相互依赖”与现实主义的观点相比是理想模式，在多数情况下，两人提出的“复合相互依赖”能更好地解释国际政治的现实。基欧汉与奈引入非国家行为体研究国际关系，提出无等级之分的问题领域等，可谓国际关系研究的一次范式革命。

第二，“复合相互依赖论”的出现提升了国际关系理论的解释力。这一理论拓宽了国际关系研究的视角。基欧汉与奈借鉴了现实主义理论和经济自由主义相互依赖论中的合理内容，将权力与相互依赖加以有机结合，利用敏感性和脆弱性这两个相互依赖的概念，来考察和分析权力在不同国家和行为体中的分配。基欧汉与奈的主张不仅保留了现实主义的根本性见解——对权力、利益和理性的研究，同时还发展了新自由主义理论，构建了国际体制变迁的结构模型，揭示了国际社会的一个重要特征——相互依赖。

① 罗伯特·基欧汉、约瑟夫·奈：《权力与相互依赖》，第111页。

第三，该理论通过将国际机制和相互依赖加以有效结合，为此后的国际机制研究和“新自由制度主义”的提出做好铺垫。基欧汉以相互依赖理论为基础，接受现实主义国际关系理论的基本假定，借鉴新制度经济学的相关原理，提出了“新自由制度主义”，把国际机制理论提升到一个新的阶段。20 世纪 90 年代，基欧汉与奈的研究发生转向，开始关注国际政治的合法化，探究多边主义和全球治理问题。新自由主义理论成为国际机制理论中最为系统、最为完善的理论。

第四，该理论在对复合相互依赖理论构建过程中，强调了对系统进程的系统层次研究方法，推动了国际关系理论的体系化和科学化，也在很大程度上影响了国际关系学科的发展。以系统进程为核心的《权力与相互依赖》已成为西方国际关系理论研究的经典著作。这种系统层次的研究为研究者提供了一种建立变量间关系的有力工具，对于建立比较严谨的宏大理论体系以及推动西方国际关系学科的科学化有着重要意义。①

2.“复合相互依赖论”的理论缺陷

第一，该理论没有全面分析问题联系和议程变化。基欧汉与奈只说明了在“复合相互依赖”的条件下，特别是在弱国中会产生各种联系，但他们并没有创立任何理论，以详细说明在何种情况下联系会出现。

第二，基欧汉与奈既缺少从理论上说明国内政治对相互依赖政治的影响，也没有系统分析国际政治对国内政治的影响。必须指出，如果不能对这两种政治相互影响进行学理论述，不拓宽系统理论的视角，则“复合相互依赖”的概念就无法真正确立。

第三，复合相互依赖理论对武力作用的分析有待进一步推敲。武力在何种条件下不是有效的政策工具？对这一问题，基欧汉与奈并没有作

① 刘颖：《复合相互依赖理论评述》，《重庆工学院学报（社会科学）》2009 年第 10 期。

出理论适应条件和范围的阐释。因此，在关于武力的作用等问题上，“复合相互依赖”的特征引起了质疑或误解。[①]

（三）“复合相互依赖论”对海洋政治的启示

首先，基欧汉和奈通过分析，发现了海洋政治议题领域问题等级逐步消失的客观发展趋势，揭示了海洋政治领域内“低级政治”与“高级政治”之间等级之分逐步消失的变化规律。他们将一系列过去被视为“低级政治”的议题纳入国际政治研究领域，这些议题包括捕鱼、商运、沿海石油钻探、矿产开发、领海及大陆架管辖权、海洋环境保护、科学研究以及相关的海洋权力分配等。并且，他们还运用“复合相互依赖论”对其进行了系统研究和分析，其海权研究不再沿袭传统现实主义的思路，其海洋政治研究不再仅限于海洋军事实力，而是反映了全球化时代国际海洋政治博弈的变化趋势。

其次，在“联系的多渠道”这一相互依赖理论的基本命题之下，基欧汉和奈阐明了相互依赖背景下国际海洋政治领域之中政府间、非政府间、跨政府间联系渠道的多样性，阐述了渔业组织、石油矿产公司、专业性海洋科学研究组织及其利益集团、传统海军力量以及各种其他组织之间的跨国联系，并论述了这种跨国联系对国家海洋政策的制约作用，以及对国际海洋政治的复杂影响。

最后，基欧汉和奈提出了经济过程解释模式、总体权力结构解释模式、问题领域结构解释模式、国际组织解释模式，全面具体地解释了海洋政治领域的国际制度变化，考察国际政治时不再沿用传统现实主义的单一权力角度。以相互依赖理论分析权力，既可以避免抛弃现实主义的权力概念，又可以通过相互依赖理论对现实主义的权力观作出学术意义

① 刘颖：《复合相互依赖理论评述》，《重庆工学院学报（社会科学）》2009年第10期。

深远的修正和扬弃。

第三节　海洋政治的国际法理论

海洋政治的国际法理论起源于格劳秀斯的著作《海洋自由论》。《海洋自由论》从自然的角度出发，指出海洋应该向所有国家自由开放，应当为人类共同使用。海洋自由理论并不是真正意义的自由与公平的理论，它只是一种海洋强国发展本国的资本主义经济与拓展本国殖民地的手段。另外，随着海底经济价值提高和科学技术的发展，海底政治成为海洋政治的重要领域之一，同时如何分配海底资源成为海洋政治领域的新问题。

一、格劳秀斯的“海洋自由论”

格劳秀斯提出“海洋自由论”有着特殊的历史背景，这一理论对国际法学界产生了深远的影响。

（一）“海洋自由论”提出的时代背景

《海洋自由论》一书的出版有着特殊的历史背景。16 世纪下半叶，荷兰同东印度（欧洲殖民者对印度和马来群岛的称谓）之间的贸易愈发频繁，1602 年 3 月 20 日，荷兰成立荷属东印度公司，开始了对印度尼西亚的征服。这种扩张损害了原先的海洋霸主之一葡萄牙的利益，后者禁止荷兰的船只在东印度地区航行和贸易。格劳秀斯撰写该书的目的是为荷兰的海上行为寻找合理合法的依据，驳斥葡萄牙等海洋强国的霸权理论，借此否定葡萄牙对海洋的垄断权，从而为荷兰在东印度地区的贸易活动提供合法性论证，捍卫荷兰的船只在东印度地区自由航行和贸易的权力。《海洋自由论》指出海洋应该向所有国家自由开放，应当为人类共同使用；认为各国应当享有与他国自由交往和自由贸易的权利；各国的船只享有航海权，能够自由地航行是国家交往自由和贸易自由的前提。因此，格劳秀斯认为，所有人依国际法皆可自由航行，葡萄牙人无权干涉荷兰人航行到东印度的自由。①

在格劳秀斯的主张中，核心议题是“海洋自由”，即海洋是不可占有的，不属于任何国家的主权管辖范围，任何国家都不能对海洋加以控制。对不同的民族、不同的人，甚至对地球上所有的人而言，海洋应该是公开的和自由的，任何人都可以在海上自由航行和贸易。在当时，还没有“公海”“领海”等概念，所以格劳秀斯认为，海洋都应当是自由的，因此把它叫作“海洋自由”，进而认为根据国际法航海对所有的人，不论他是谁，均是自由的。② 另外，格劳秀斯主张，只要航行不会伤害除航行者本人以外的其他人，就不应当被禁止。这一观点构成了现代领海无害通过制度的重要基础。

（二）“海洋自由论”的影响

格劳秀斯的“海洋自由论”对近代与现代国际法都产生了深远的影响，同时也在学界掀起了一系列的论争。

---

① 袁发强、张磊、王秋雯、郑雷、高俊涛：《航行自由的国际法理论与实践研究》，北京大学出版社，2018，第 15 页。

② 马忠法：《〈海洋自由论〉与格老秀斯国际法思想的起源和发展》，《比较法研究》2006 年第 4 期。

1. 对近代国际法的影响

格劳秀斯在国际法以及现代世界秩序的理论构建方面占据主导性的地位。[①]“海洋自由论”这一理论产生前，欧洲强国一般将国家政策或教皇授权作为正当性依据，以实施对海洋的控制。而格劳秀斯则是第一位为海洋问题确立国际法视角的学者。虽然“海洋自由论”是为荷兰政府服务的，但在探讨海洋资源分配等问题上，该理论提供了国家间权利这一研究角度，超越了国家政策与国内立法的管辖范围，是国际法视角研究海洋问题的开端。此外，格劳秀斯所提出的国际法新秩序，使得国家对海洋的控制权脱离了教皇的控制，使国际法逐步摆脱宗教的束缚。此外，尽管海洋自由理论提出了国家间的自由与公平，但并不纯粹，而是依然隐含着对海洋强国利益的支持。可以说，不论是格劳秀斯，还是约翰·塞尔登（John Selden）[②] 等反对海洋自由理论的学者，事实上都不是纯粹的理论研究者，他们的研究都是基于特定国家立场对海洋归属问题的探讨。必须看到，17 世纪的海洋秩序是由当时的海洋强国制定的，内陆国家及航海技术欠发达国家几乎没有机会主张自己的海洋权利。海洋自由理论并非真正意义上的主张自由与公平的理论，而是为海洋强国发展资本主义经济和拓展海外殖民地提供正当性依据的论说。以此为基础建立的国际法，是为欧洲列强量身定做的，很难在全球范围内实施。

2. 对现代国际法的影响

海洋自由理论无论对近代国际法的发展，还是对现代国际法的发

---

① 高全喜：《格老秀斯与他的时代：自然法、海洋法权与国际法秩序》，《比较法研究》2008 年第 4 期。

② 约翰·塞尔登（1584—1654 年），英国法学家，其著作《闭海论》是对格劳秀斯的“海洋自由论”反驳最为系统的一本书。

展，都具有显而易见的双面性影响。

在现代国际法中，海洋自由理论主要体现在国际条约与习惯国际法的相关内容中。受这一理论影响，现代国际法中的海洋秩序不断完善。以《联合国海洋法公约》为例，一是其吸收了格劳秀斯提出的海洋秩序有别于陆地的相关秩序的思想，并重新界定了海洋的归属，细化了海洋的概念定义。二是海洋自由理论被现代国际法所吸收，海洋自由的内涵得到了进一步的拓展。《联合国海洋法公约》在格劳秀斯的“海洋自由论”的基础上，进一步规定，所有国家在公海上都享有六项自由：一是航行自由，二是飞越自由，三是铺设海底电缆和管道的自由，四是建造国际法所容许的人工岛屿和其他设施的自由，五是捕鱼自由，六是科学研究自由。《联合国海洋法公约》吸纳了海洋自由理论中符合现代国际法理念的内容，又发展了海洋自由理论。

但是，必须看到，海洋自由理论也对当今国际法的发展构成了一定程度的限制。当前，公海海域正面临着严峻的环境问题与挑战，海洋生物多样性锐减，渔业资源管理方式不当，国际航行争端数量增加，诸如此类的问题层出不穷。从法学的视角来看，上述问题的根源都在于人们的海洋自由理念滞后、对公海自由理解狭隘，以及公海自由界限模糊。21 世纪的海洋法秩序不同于 17 世纪，现在已非海洋争霸的年代，各国在海洋上和平共处是不可逆转的大势所趋。因此，海洋自由理论应该符合当今国际法发展趋势，满足各国的共同利益而不是少数海洋强国的利益。①

3. 海洋自由理论饱受争议

对格劳秀斯的“海洋自由论”反驳最为系统的一本书是英国法学家

① 白佳玉：《论海洋自由理论的来源与挑战》，《东岳论丛》2017 年第 9 期。

塞尔登于1618年撰写的著作《闭海论》。塞尔登同样从自然法出发，认为海洋与陆地一样，可以成为私人财产，因此可以被瓜分和占有。并由此得出结论，海洋不可以为人类共同使用。“海洋自由论”与“闭海论”的论战延续了很长时间。对比格劳秀斯的“海洋自由理论”与塞尔登的“闭海论”可以发现，两者的主要区别可以归纳如下：格劳秀斯认为海洋是自由的，因此不能被任何国家占有；塞尔登认为海洋是封闭的，国家可以对其实施排他性占有。但分析两种理论的目的可知，他们的主张都是为了维护国家利益，使国家在海洋争霸中索取国家利益获得来自理论的正当性支持。海洋是封闭的抑或是开放的，国家对海洋的使用是自由的，还是排他的，无论从国际法层面，还是从国际政治层面，都是由海洋强国决定的。18世纪时期，英国成为海洋霸主，“闭海论”遂成为英国的主要海洋理论。进入20世纪，随着新兴海洋争霸国家的出现，英国国力又日渐衰弱，塞尔登的“闭海论”便逐步式微，海洋自由理论逐步兴起，并对“闭海论”加以吸收，进而替代了“闭海论”的地位。[①]

4. 航行自由

航行自由作为海洋自由的一部分，也在海洋强国进行海外扩张、掠夺的过程中向全世界传播，逐渐成为各国认可的一项国际法制度，并发展成为一项国际习惯。此前，格劳秀斯和塞尔登争论所指的“航行”是一个相对宽泛、粗糙的概念，后来在不同水域出现了不同的航行制度，丰富了“航行”概念的内涵。[②]

---

① 白佳玉：《论海洋自由理论的来源与挑战》，《东岳论丛》2017年第9期。

② 袁发强、张磊、王秋雯、郑雷、高俊涛：《航行自由的国际法理论与实践研究》，北京大学出版社，2018，第16页。

首部影响航行自由的国际成文法是1856年的《巴黎海战宣言》。[①]该宣言主要规范的是战时捕获和封锁的有关问题，废除了私掠船制度，同时通过限制交战国军舰拿捕的权利保护中立国的贸易利益。虽然并未提到与航行自由有关的事宜，但《巴黎海战宣言》中的条文是普通商业航行免受军事干扰这一原则的雏形。该宣言签订后，商业航行同军事航行开始出现区别。

1899年和1907年召开的两次海牙和平会议，通过了一系列的国际海战规则。在1907年《海牙第六公约》、1907年《海牙第十一公约》中，普通商业航行免受军事干扰的原则初步确立，普通商业航行同军事航行完全区分开来，二者在享有自由的程度上存在区别，军事航行往往会受到更多的限制。[②]

对于发达国家而言，航行自由能够保障其海上军事利益和商业利益，而对于发展中国家而言，航行自由亦能满足与其他国家进行国际经济交流的需要。由此，航行自由为诸多国家所认可，逐渐发展成为一项国际习惯。1958年《公海公约》首次将“公海自由”原则明文写入条约。[③]

在航行船舶的种类上，《联合国海洋法公约》作出了进一步的区分，并规定了不同的限制措施。《联合国海洋法公约》第二十条规定：“在领海内，潜水艇和其他潜水器，须在海面上航行并展示其旗帜。”[④]

---

① 《巴黎海战宣言》(Paris Declaration on Naval War)，全称《巴黎会议关于海上若干原则的宣言》，是一部关于战时海上捕获和封锁问题的国际公约。1856年4月16日，由英国、法国、俄国、奥地利、普鲁士、土耳其和撒丁在巴黎签署，同日生效。

② 袁发强、张磊、王秋雯、郑雷、高俊涛：《航行自由的国际法理论与实践研究》，第17页。

③ 《公海公约》(Convention on the High Seas) 是为解决公海及其有关问题而签订的公约，是1958年2月24日至4月27日，在日内瓦召开的联合国第一次海洋法会议上通过的四个公约之一(其余三个公约是《领海与毗连区公约》《大陆架公约》《公海渔业与生物资源养护公约》)，参见http://www.eworldship.com/index.php?m=wiki&a=doc_detail&did=7725。

④ 参见《联合国海洋法公约》第二十条。

在航行的目的上，该公约对某些类型航行活动的航行自由作出了限制。例如，该公约第十九条第2款列举了外国船舶的12种在领海内进行将被视作损害沿海国的和平、良好秩序或安全的航行活动，包括军事演习、情报收集、捕鱼等。①

在航行区域方面，除传统的领海与公海外，《联合国海洋法公约》还进一步建立起毗连区、专属经济区、群岛水域等海域制度，且不同海域的航行制度不尽相同。②

应当说，《联合国海洋法公约》建立了一个关于航行自由相对完善的制度体系。尽管该公约就“航行”概念的具体内涵进行了阐释，但在航行自由的制度框架下，航行活动的分类愈加细化、完整，也有利于有针对性地处理与航行自由有关的问题。③

二、巴里·布赞的“海底政治论”

巴里·布赞在“海底政治论”中着重研究了三个基本问题：海底为什么会以及如何成为一个国际性问题的？在既定的抉择范围内，这一问题是如何获得解决的？解决这一问题的决定性因素有哪些？

（一）“海底政治论”提出的时代背景

要想回答海底为什么和如何成为一个国际性问题，就要对使海底的价值不断提高的经济和技术因素这一关键问题进行研究。

分析“海底政治论”提出的经济与技术背景，实质就是回答海底政治如何成为一个国际问题。第二次世界大战以后，世界各国的海底采矿

① 参见《联合国海洋法公约》第十九条第2款（a）—（l）。

② 参见《联合国海洋法公约》。

③ 袁发强、张磊、王秋雯、郑雷、高俊涛：《航行自由的国际法理论与实践研究》，第19页。

技术能力迅速发展，也对各国对领海以外的海底的价值认知造成了重要影响。[①] 技术的发展提高了人类社会对海底商业的兴趣。海底价值的发现，不论是出于技术上还是渔业上的原因，其基础都在于世界各国对各种资源需求的不断增长。这里最根本的因素就是人口的增加以及全球范围内提高生活水平的要求日益增强。随着海底经济价值的发现，世界各国对海底及其资源实行控制或占有的呼声也与日俱增。[②]

海底经济价值的发现解释了海底为什么政治化以及如何政治化的问题。此外，海底变成一个国际问题的过程，也在很大程度上说明了经济价值的发现与海底政治模式的其他两个关键问题之间的关系。海底价值发现的一个直接结果就是各国在20世纪40年代和50年代采取了以对大陆架提出单方面权利主张为形式的行动；反过来，这些权利主张又推动国际社会召开国际法委员会与联合国海洋法会议。在某些特殊情况下，海底价值的发现也可能直接导致国际行动。[③]

（二）国家行动

对国家行动进行分析有助于解答海底如何成为一个国际问题。尤其重要的是，这样的考察可以实际解答建立海底法律制度的问题是如何解决的，以及是什么力量决定着这种制度的性质。

建立海底法律制度第一个回合的胜利，显然属于沿海国家。[④]

1958年第一次联合国海洋法会议的结果，肯定了沿海国对一个宽度未定但又几乎包括一切可以到达的区域在内的海底实行控制的权利。这一区域当然包括大陆架，但是由于上覆水域深度愈来愈大，所以它的界

① 巴里·布赞：《海底政治》，时富鑫译，生活·读书·新知三联书店，1981，第316页。
② 巴里·布赞：《海底政治》，第317页。
③ 巴里·布赞：《海底政治》，第318页。
④ 巴里·布赞：《海底政治》，第320页。

限十分含糊。

1958年以后，国家对海底采取的行动远不如以前重要了。沿海国在获得了对有价值的那部分海底的权利之后，在海底的问题上采取的唯一重要行动就是提出各种扩大领海和海洋区域的权利主张。这些权利主张多半和第一、第二次联合国海洋法会议上没有解决的关于捕鱼权的争议有关。至于这些权利主张把大陆边缘以外的海洋区域也包括了进去，则只是一种巧合，因为当时海底的这部分区域还没有被视为是有价值的。[①]

沿海国发起的运动对这一部分海底制度的形成起决定作用。形成这一运动的因素是多方面的，而几乎所有这些因素都促使发展中国家成为这个运动的中坚。其中，拉美国家在沿海国运动中无疑发挥了带头作用。拉丁美洲有着众多的发展中国家，同时，拉丁美洲很多国家拥有重大的沿海利益。因此，拉美国家在这场运动中起到主导作用也是历史发展的必然。

（三）国际组织的行动

研究海底政治模式，亦即解答海底如何成为一个国际问题的第三个关键是分析国际组织的行动。国际组织的行动的成果包括1958年制定的日内瓦诸公约，以及1967年以来联合国就这一问题所作出的一些决议。正如我们所看到的，在主动权的分配问题上，海底政治提供了两种相反的事例：第一种事例发生于1945—1958年，其间，主动权落在沿海国手中，国际组织的行动主要是对这些国家的行动作出反应；第二种事例发生于1967年至今，其间，主动权掌握在联合国手中，海底世界的整个格局（与深海底有关的海底政治）是在联合国内形成，而不是由各国所提出的权利主张来组成。[②]

① 巴里·布赞：《海底政治》，第321页。
② 巴里·布赞：《海底政治》，第325页。

在第一种情况下各国是通过对大陆架提出权利主张的方式直接对海底价值的提高作出反应。国际组织对国家的行动所作的反应是使这些权利主张统一化和非政治化。在第二种情况下，联合国是在没有任何国家提出权利主张以前就对海底价值的提高作出反应。[①]

（四）“海底政治论”的理论成就

“海底政治论”对揭示国际政治磋商进程、思考国际组织的作用、揭示海底政治进程对国际法的影响都有着重要的指导作用。

1. 揭示国际政治磋商进程的影响因素及其作用

海底政治论的主要成就之一在于以海底政治进程为研究对象，揭示出影响国际政治磋商进程的因素及其作用。在对磋商的分析中，巴里·布赞分别从影响磋商进程、影响大陆架的磋商、影响海底制度和机构的磋商三方面，来阐释影响国际政治磋商进程的各种因素及其作用，并围绕影响磋商的速度、影响各国是否承担国际义务、磋商的具体内容三方面展开论述。从磋商速度来看，巴里·布赞指出，延缓进程的因素作用远大过促进因素，海底问题的复杂性、多数国家参与磋商的程序性问题、无法进行硬性的限期规定等因素，都使得海底政治磋商成为一个漫长的过程。特别是有关议事规则常常起到延缓作用，在以经济、政治实力为后盾的国家结盟对峙中，海底问题磋商通常采用协商一致的原则，这无疑延缓了磋商进程。这一点也正体现出主要由经济、技术实力决定的行动力量所具有的强大的影响力。尽管发展中国家占世界国家的大多数，但发展中国家的经济技术实力确实远落后于发达国家。因此，虽然发达国家只占世界国家的少数，但如果没有这些强大的少数国家，就无

① 巴里·布赞：《海底政治》，第326页。

法建立稳定统一的海洋制度。由于发达国家行动力强大，即使发展中国家可以获得大量投票的支持，其国际话语权仍然可能被削弱。

在对各国承担义务方面分析中，巴里·布赞得出的结论是，世界各国对承担国际义务应更多地持积极态度。发达国家和发展中国家都希望建立稳定的海洋秩序，以充分发挥海洋资源和海底资源的效益。另外，海上贸易自由流通、避免军事冲突、海洋环境污染等问题持续引发世界各国对人类共同利益的思考，也使得各国认识到，全球问题几乎涉及所有国家的共同利益，唯有共同努力，才是真正的解决之道。而且，某一区域的经济价值受益于稳定的法律制度。因此，尽管世界各国在深海底问题上面临严重的分歧，但对法律制度的期待让磋商没有破裂并持续进行。①

关于磋商的具体内容，巴里·布赞则指出，磋商的具体内容是经济价值的发现、国家单方面行动、各国家结盟的政治主张、国际组织的提案等诸多因素共同作用的结果。以上种种因素交织起来，就构筑了国际政治磋商的进程及结论架构。②

2. 思考国际组织在国际政治中发挥主动作用的经验、教训及意义

巴里·布赞在对海底政治的两个发展阶段的分析中指出，第一阶段主要与大陆架有关，首先是国家单方面主张自己的权利，之后是国际社会采取行动，直至各国通过国际会议达成初步一致。在这一阶段，国际组织主要作用是为世界各国提供国际磋商的平台。在第二阶段，各国间

---

① 刘中民、黎兴亚、CHENG Xiaoyan：《海底政治与国际法：巴里·布赞的〈海底政治〉述评——兼论国际海底政治的新发展》，《中国海洋法学评论》2006年第1期。

② 刘中民、黎兴亚、CHENG Xiaoyan：《海底政治与国际法：巴里·布赞的〈海底政治〉述评——兼论国际海底政治的新发展》，《中国海洋法学评论》2006年第1期。

的分歧主要集中在深海底，国际组织拥有了先发制人的机会。在1967年，世界各国还没有对深海底价值提出各自的权利主张。此时，马耳他驻联合国代表阿维德·帕多（A. Pardo）在联大的提案，使联合国的相关活动骤然活跃了起来。[①] 巴里·布赞表示，如果磋商进展过慢，那么就赋予了多种因素影响磋商的机会。整个磋商进程可能因为各种减缓、破坏作用陷于崩溃。然而，即便国际组织的主动行为作用有限，这些举措依然能够促使国际制度发生某些渐进的变革。[②]

此外，对海底政治进程分析后，还可以发现，审慎的计划和组织对各类国际组织的行动至关重要。在国际政治磋商中，一些延缓因素可以通过努力加以避免，只是这些努力有可能因某些大国操纵国际行动，而使其实践意义遭到削弱。但是，无论如何，国际组织在海底问题上采取的主动行为及其形成的结果，对其发展与国际制度的创立都有深远意义。[③]

3. 从过程和结果两方面揭示海底政治进程对国际法的影响

国际法主要是国家之间的法律。国家的行为受到国际法的束缚，同时国家又是制定国际法的主体。国际法效力的依据在于国家自身，在于国家的意志。因此，各国在海底政治博弈的过程中，希望达成的一致规则将成为国际法的新组成部分。随着沿海国和发展中国家的崛起，海洋法必然将更多呈现出主体间的利益平衡。海洋法的这一发展趋势对国际机制的变迁具有重要的启示。

尽管海底政治的磋商进程缓慢，但却仍然得以持续，由此可知：一方面，大多数国家都对国际法的基本义务做出了坚定承诺。这意味着尽

---

① 巴里·布赞：《海底政治》，第83页。

② 巴里·布赞：《海底政治》，第347页。

③ 刘中民：《世界海洋政治与中国海洋发展战略》，第109—110页。

管国际磋商看似脆弱，但实际上承压能力不容忽视；尽管国际政治进程看似充满分歧，但却可能拥有着惊人的柔韧度。另一方面，大陆架问题磋商缓慢，这反而在客观上提升了沿海国的地位。可见，一项挑战传统的主张被提出之后，尽管会遭遇阻力，但也会随着时间推移，获得越来越多的国家的认可，从而使这一主张获得某种程度上的合法性。因此，在经历无数次挑战国际法权威的危机事件后，人们仍然相信国际法的作用，同时更为关注类似的国际法创建过程对结果的影响。[①]

三、小结

在地缘政治学的理论中，马汉的“海权论”、麦金德的“陆权论”和斯皮克曼的“边缘地带论”影响最大。海权、陆权及二者的关系构成了地缘政治理论嬗变中各派理论关注的重点。同时，新自由主义代表罗伯特·基欧汉和约瑟夫·奈也将海洋问题作为阐述其“相互依赖理论”的典型案例，成为其国际制度理论分析的中央路径。另外，国际法理论对于国际海洋制度的研究无疑应该成为国际海洋政治研究的一部分，格劳秀斯的“海洋自由论”和巴里·布赞的“海底政治论”正是国际法视角下海洋政治研究的代表。

---

① 刘中民：《世界海洋政治与中国海洋发展战略》，第110—111页。

第二章

海洋政治规范性制度

经过长期探索，国际社会发展出以海洋法为主的海洋规范性制度。本章将从海洋法的起源与发展、海洋区域的划分、海洋渔业资源的养护与管理、海洋科学研究制度、海洋争端解决机制五个方面，对《联合国海洋法公约》进行概述。

第一节　海洋法的起源与发展

国际海洋法作为国际法中的一个部门法，具有国际法的一般特征，并遵循国际法的基本原则。海洋法的发展大致经历了古代、中世纪、近代和现代四个时期。古代时并未形成严格意义上的海洋法，不过这一时期有关海洋的部分观点、观念，对海洋法的发展产生了深远影响。其中，最具代表性的观点是“共有物”。按照罗马法，所谓“共有物”指该物属于一切人而不属于其中的某个人，其实质在于排除某人对此物的所有权和统治权。属于这类共有物的有空气、水以及海洋。当然，罗马法承认海洋是“大家共有之物”，仅是从国内法的角度规定的，不属于海洋自由的国际法范畴，也不意味着在古罗马时期就已形成了公海自由原则。

中世纪时，君主对土地的领有权开始向海洋发展。从西欧到地中海，从南欧到北欧，几乎欧洲诸海的各个部分都在某种权力的要求或主张下。葡萄牙和西班牙则更把他们的主张扩展到印度洋、大西洋甚至太平洋。15 世纪和 16 世纪之交的地理大发现进一步加剧了对海洋的瓜分，其结果是教皇亚历山大六世颁发谕旨，将全世界的海洋分给西班牙和葡萄牙。随后，其他国家竞相效仿，使争夺海洋的斗争更加激烈。

严格意义上的海洋法，是从 17 世纪开始形成的。进入 17 世纪以后，资本主义生产关系加速发展，航海贸易逐步兴起并推动国际市场的形成，围绕海洋权益的斗争进入了新阶段。这一时期的斗争，主要体现为两个方面：一是反对少数海上贸易强国垄断海洋，争取以及维护海洋的自由和开放；二是出于保护安全和资源利益，沿海国对其邻近的海域主张主权以及管辖权。自此，围绕海洋自由、开放与海洋统治、封闭这一主题，各国及其法学家之间展开了激烈争论。1609 年，荷兰著名国际法学者格劳秀斯出版《海洋自由论》一书，为海洋自由争辩。针对格劳秀斯的主张，英国的塞尔登于 1619 年写成《闭海论》一书，为英国的立场辩护。该书认为英国君主有权占有英国四周的海洋，这一主张得到了当时英王的支持。格劳秀斯的主张虽然在当时遭到了强烈反对，但随着海上贸易的日益扩大、繁荣，一定范围的海洋自由客观上已成为一种必然的发展趋势。于是，在随后的 100 多年中，越来越多的国际法学者赞同公海自由的观点。宾刻舒克将海洋的不同部分区别对待，在其《海洋领有论》（1702 年）中，将海洋区分为领海和公海，认为领海属于沿岸国的主权管辖范围，公海则不属于任何国家。到 19 世纪初，海洋自由无论从理论上还是实践中都得到了普遍承认。从 17 世纪开始，经过 300 多年的发展，以公海和领海为主要内容的传统国际海洋法逐步形成。

从 19 世纪开始，集中在 20 世纪进行的几次大规模的海洋法编纂活动，大大地推进了国际海洋法发展。19 世纪开始制定的主要是一些有关海战的法规，如 1856 年关于废除私掠船制度的《巴黎海战宣言》、1899 年和 1909 年两次海牙会议制定的战争规则等。20 世纪海洋法的编纂活动，主要包括 1930 年的海牙国际法编纂会议和第二次世界大战后在联合国主持下召开的三次海洋法会议。1930 年召开的海牙国际法编纂会议，与海洋法相关的议题主要是领海的宽度、毗连区以及历史性海湾。然而，由于与会国针对上述问题，特别是领海宽度上存在巨大分歧，会议未能就领海问题达成协议。本次会议在海洋法编纂方面虽然收效甚微，但由于对海洋法的许多问题进行了初步讨论，为后续的编纂工作奠定了一定基础。联合国大会为促进海洋法律的制定作出了非常重要的贡献。1958 年在日内瓦召开的第一次联合国海洋法会议上，有关海洋法的“四公约”——《领海与毗连区公约》《公海公约》《公海渔业与生物资源养护公约》《大陆架公约》得到讨论并最终获得通过。客观上讲，1958 年日内瓦海洋法“四公约”对调整国际海洋关系、规范海洋使用的行为发挥了一定的历史作用。然而，“四公约”对海洋法的编纂基本上是对传统海洋法的规范、概括和总结，其中也包括一部分国际习惯法。因此，“四公约”是以维护传统海洋法为主的。可以说，它们是传统国际海洋法的法典化，并达到了传统海洋法发展的顶峰。1958 年，联大通过决议，要求 1960 年在日内瓦召开第二次联合国海洋法会议，并对领海宽度和捕鱼区界限问题进行审议。由于与会的 88 国对上述议题存在重大分歧，本次会议未获任何结果即告结束。

第三次联合国海洋法会议于 1973 年 12 月在纽约开幕，前后持续了 9 年。最后终于在 1982 年 12 月 10 日，由 119 个国家签署通过了《联合国海洋法公约》，其中也包括中国。第三次联合国海洋法会议是迄今为止国际关系史上参加国最多、会期最长的外交会议，对国际法的编纂，特别是对国际海洋法的发展产生了深远影响。

《联合国海洋法公约》作为国际关系史上的第一部“海洋宪章”，以法典化的形式建立起了当代国际海洋法的法律框架，集中规定了当代国际海洋法的主要内容。《联合国海洋法公约》共包括十七个部分以及九个附件，正文三百二十条，加上附件的条文共计四百四十六条。根据《联合国海洋法公约》的规定，可以把当代国际海洋法的主要内容概括为“三一”“二国”“三区”“四海”。“三一”是一峡（海峡，特别是指用于国际航行的海峡）、一架（大陆架）、一岛（岛屿制度）；“二国”是群岛国、内陆国；“三区”是毗连区、专属经济区、国际海底区域（简称“区域”）；“四海”是内水、领海、闭海或半闭海、公海。

第二节 海洋区域的划分

根据《联合国海洋法公约》的规定，全球海洋区域被划分为内水、领海、毗连区、专属经济区、大陆架、公海以及国际海底区域等部分，缔约国在不同的海域享有相应的权利并履行相应的义务。

一、内水

基于独特的地理位置，内水在政治、经济以及军事上都对沿海国具有十分重要的意义。自 17 世纪以来，内水就被视为与陆地领土相同，国家对其享有主权。按照《联合国海洋法公约》第八条第 1 款的规定，内水是指领海基线向陆一面的水域。[①] 鉴于《联合国海洋法公约》允许

① 《联合国海洋法公约》第八条第 1 款。

缔约国划定直线基线，内水还通常包括海岸与该基线之间的海湾、海港、河港以及河口等水域。易言之，凡是领海基线以内朝向陆地一面的水域，都属于一个国家的内水。一般而言，内水在法律上的地位近似等同于一国的陆地，沿海国对其享有主权，外国船舶在沿海国的内水不享有如同在领海内的无害通过权。需要注意的是，如果沿海国采用直线基线，且其效果使原本并非内水的区域被包围在内成为内水，其他国家在此等水域内仍享有无害通过权。[①]

二、领海与国际海峡

领海与国际海峡是《联合国海洋法公约》规定的重要内容，两者具有不同的法律地位。回顾第三次联合国海洋法会议的谈判历史，国际海峡制度的建立也与领海宽度的确定存在密切联系。

（一）领海

领海指自沿海国基线量起，向海洋方向延伸出一定距离的水域。在领海制度的发展过程中，对于领海宽度的争议是焦点之一。历史上一度存在过以大炮射程确定领海宽度的规则。20 世纪 60 年代，主张 12 海里领海为诸多国家的实践。随后，第三次联合国海洋法会议对 12 海里领海主张予以正式确认。根据《联合国海洋法公约》第三条，各国有权划定自领海基线量起的领海宽度，但不得超过 12 海里。[②] 这表明，各国主张之领海，其最大宽度不得超过 12 海里。尽管绝大多数国家按照《联合国海洋法公约》规定，主张 12 海里领海，然而，亦存在因考虑特殊情形而主张少于 12 海里领海之情形。如日本虽然在《领海与毗连区法》

① 《联合国海洋法公约》第八条第 2 款。
② 《联合国海洋法公约》第三条。

中规定其领海宽度为12海里，但在宗谷海峡、津轻海峡、对马海峡东/西水道、大隅海峡以及与这些海峡相毗连的部分海域则仅主张3海里领海。[①]

沿海国对其领海、领海上空、海床和底土享有主权，且此项权利与其对陆地领土的权利基本相同。需要注意的是，沿海国对领海的主权受无害通过权的限制。根据《联合国海洋法公约》第十七条，所有国家的船舶都享有无害通过任何沿海国领海之权利。[②] 当然，该通过是指船舶应当以继续不停和迅速进行的方式通过领海。[③] 第十九条进一步界定了无害通过的意义：首先，此类通过不得损害沿海国的和平、良好秩序及安全；其次，这一条还对非无害通过的情形进行了列举。[④] 此处需要强调的是，他国潜水艇和其他潜水器无害通过领海的时候，须在海面上航行并展示其旗帜。[⑤] 在特定情形下，沿海国有权暂停其他国家船舶在其领海的无害通过。[⑥]

---

① UN, Japan Law on the Territorial Sea and the Contiguous Zone (Law No. 30 of 1977 as amended by Law No. 73 of 1996), accessed December 6, 2020, https://www.un.org/Depts/los/LEGISLATIONANDTREATIES/PDFFILES/JPN_1996_Law.pdf.

② 《联合国海洋法公约》第十七条。

③ 《联合国海洋法公约》第十八条。

④ 《联合国海洋法公约》第十九条第2款规定：如果外国船舶在领海内进行下列任何一种活动，其通过即应视为损害沿海国的和平、良好秩序或安全：（a）对沿海国的主权、领土完整或者政治独立进行任何武力威胁或使用武力，或以任何其他违反《联合国宪章》所体现的国际法原则的方式进行武力威胁或使用武力；（b）以任何种类的武器进行任何操练或演习；（c）任何目的在于搜集情报使沿海国的防务或安全受损害的行为；（d）任何目的在于影响沿海国防务或安全的宣传行为；（e）在船上起落或者接载任何飞机；（f）在船上发射、降落或者接载任何军事装置；（g）违反沿海国海关、财政、移民或卫生的法律和规章，上下任何商品、货币或人员；（h）违反本公约规定的任何故意和严重的污染行为；（i）任何捕鱼活动；（j）进行研究或测量活动；（k）任何目的在于干扰沿海国任何通信系统或任何其他设施或设备的行为；（l）与通过没有直接关系的任何其他活动。

⑤ 《联合国海洋法公约》第二十条。

⑥ 《联合国海洋法公约》第二十五条第3款。

（二）国际海峡与过境通行制度

由于《联合国海洋法公约》对国际海峡的规定与领海宽度存在密切关系，这里对“用于国际航行的海峡”及其通行制度一并进行介绍。实现沿海国与海洋大国之间的利益平衡，是第三次联合国海洋法会议面临的一大挑战，各国在会议期间亦就“用于国际航行的海峡”的判定标准及通行制度进行了激烈讨论。一个关键的问题是，在领海宽度为3海里时，仅有一些用于国际航行的海峡位于沿海国的领海之中，并因此受到无害通过权的限制。当领海的最大宽度延伸至12海里时，意味着宽度达到24海里的海峡有可能完全落入沿海国的领海中。据统计，这样的海峡数量超过100条。[①] 据此，由于《联合国海洋法公约》将领海宽度扩展至12海里，致使这些重要海峡成为“领海海峡”。若这些海峡适用领海“无害通过制度”，将对既有的国际海峡制度造成冲击。海峡沿岸国及海洋大国对于这类海峡的通行制度存在不同意见，最终达成的《联合国海洋法公约》第三部分“用于国际航行的海峡”体现了双方达成的妥协。[②] 为确保这类海峡的通行自由，《联合国海洋法公约》在国际法院“科孚海峡案”判决以及海洋法发展的基础上，[③] 专门规定了过境通行制度，以对国际海峡的通行进行规制。

根据《联合国海洋法公约》第三十七条对国际海峡之定义，[④] 确定这类海峡需符合地理标准和功能标准，即该海峡满足位于“公海或专属经济区的一个部分和公海或专属经济区的另一部分”之间的地理条件，

---

① 姜皇池：《国际海洋法》，学林文化事业有限公司，2004，第517—518页。

② Satya Nandan and Shabtai Rosenne, *United Nations Convention on the Law of the Sea 1982: A Commentary* (Martinus Nijhoff Publishers, 2003), pp. 279-293.

③ Corfu Channel Case (United Kingdom v. Albania) Judgment of April 9th, 1949, I. C. J. Reports 4, p. 28.

④ 《联合国海洋法公约》第三十七条。

以及“用于国际航行”的功能条件。过境通行是指所有船舶和飞机均有权以继续不停和迅速过境为目的，航行或飞越国际海峡。[1] 对过境通行制度与无害通过制度进行比较，有助于我们更好地理解前者。两者的主要区别在于：无害通过制度仅适用于船舶，飞机并不享有在领海的无害通过权，潜水艇或其他潜水器则必须在海面上航行并且展示旗帜。除根据第四十五条适用于国际海峡的无害通过制度外，其他海域的无害通过均可被沿岸国于必要时暂时停止。过境通行制度适用于“所有船舶和飞机”，潜水艇和其他潜水器也可以直接从用于国际航行的海峡水下穿过而无须浮出水面，海峡沿岸国不得妨碍过境通行，也没有暂停过境通行的权利，该规定直接反映了海洋大国对航行自由的关注。相较无害通过制度，过境通行制度赋予了海峡使用国更多的自由。据此，缔约国根据《联合国海洋法公约》享有的过境通行权介于公海航行自由和领海无害通过权之间，诚如上文所述，这是第三次联合国海洋法会议召开期间，海洋大国与海峡沿岸国经过谈判妥协后的产物。[2]

《联合国海洋法公约》第三十八条到第四十条规定了船舶和飞机在过境通行时享有的权利和应当履行的义务。船舶或者飞机在行使过境通行权时，必须毫不迟延地通过或者飞越海峡；不得对沿岸国的主权、领土完整或政治独立进行任何武力威胁或使用武力，或者以任何其他违反《联合国宪章》所体现的国际法原则的方式进行武力威胁或使用武力；除因不可抗力或者遇难而有必要以外，不从事其继续不停和迅速过境的通常方式所附带发生的活动以外的任何其他活动；遵守关于海上安全、船舶污染和航空安全等方面的规则。[3] 为确保航行安全和环境保护，《联

① 《联合国海洋法公约》第三十八条第 2 款。

② K. Burke and Deborah A. DeLeo, “Innocent Passage and Transit Passage in the United Nations Convention on the Law of the Sea,” *The Yale Journal of World Public Order* 389, no. 9 (1983): 389.

③ 《联合国海洋法公约》第三十九条。

合国海洋法公约》还要求海峡沿岸国与海峡使用国在航行安全以及防止船舶污染方面进行合作。[①]《联合国海洋法公约》第四十条禁止包括海洋科学研究和水文测量的船舶在内的外国船舶，在未获得海峡沿岸国准许的情况下，于过境通行时从事研究和测量活动。[②]

国际海峡的法律地位，经过了由习惯国际法到条约法的发展过程，[③]此类海峡判定标准的确立，较早可以追溯至20世纪40年代末期的“科孚海峡案”。在本案发生时，关于海洋法的多边公约尚未出现，也不存在专门针对科孚海峡的特别条约，因此国际法院需要就海峡的法律地位作出裁决。国际法院在该案中对科孚海峡法律地位的裁决，亦常被视作关于用于国际航行的海峡的早期司法实践。国际法院在判决书中指出，和平时期各国有权派遣军舰通过两部分公海之间用于国际航行的海峡，而无须经沿岸国预先授权，只要该通过是无害的，这已经被各国所公认并且也符合国际惯例。除非国际公约另外有规定，否则沿海国便无权在和平时期禁止这一类通行。针对阿尔巴尼亚提出的关于科孚海峡仅仅是次要航线的争辩，国际法院通过其判决对国际海峡的界定标准进行了阐释。根据国际法院的观点，在界定用于国际航行的海峡时，决定性的标准是海峡连接两部分公海的地理位置及其被用于国际航行的实际状况。[④]据此，我们可以认为国际法院在本案中确立的“用于国际航行的海峡”构成要件包括地理与功能两个方面的要素，地理要素即海峡需连接两部分公海，功能要素即被用于国际航行的实际状况。

《联合国海洋法公约》第三十七条对国际海峡的定义，来源于国际

---

① 《联合国海洋法公约》第四十三条。

② 《联合国海洋法公约》第四十条。

③ Gerard J. Mangone, “Straits Used for International Navigation,” *Ocean Development & International Law* 18, no. 4 (1987): 392-406; Said Mahmoudi, “Customary International Law and Transit Passage,” *Ocean Development & International Law* 20, no. 2 (1989): 163-168.

④ Corfu Channel Case (United Kingdom v. Albania), Judgment of April 9th, 1949, I. C. J. Reports 4, p. 28.

法院对“科孚海峡案”的判决，并根据海洋法的新趋势进行了发展，根据该条：首先，国际海峡需符合“在公海或专属经济区的一个部分和公海或专属经济区的另一部分之间”的地理标准；其次，该海峡在功能上需在国际海运和航行中“用于国际航行”。值得注意的是，虽然该条对“用于国际航行的海峡”进行了定义，也有学者指出这一定义对于判断此类海峡而言仍然存在不确定性。特别是对“用于国际航行”这一功能标准而言，中国学者屈广清认为，《联合国海洋法公约》并未明确规定应当“实际用于”还是“潜在用于”；[①] 澳大利亚学者唐纳德·罗思韦尔（Donald R. Rothwell）则认为，就“用于国际航行”标准而言，我们尚无法明确一条海峡究竟实现何种程度的“国际航行”才可以被视为“用于国际航行的海峡”，是否可以通过海峡的使用频率、通行船舶的国籍等方面进行判断亦存在不确定性，他还指出《联合国海洋法公约》第三十七条并未对水面航行和水下航行进行区分，而冷战期间北极地区存在频繁的潜艇活动，对此，他认为既然《联合国海洋法公约》没有对这些航行类别作出区分，原则上水下航行也可以被视为在功能上判断海峡法律地位的要素。[②] 一些学者在研究判断“用于国际航行的海峡”的地理标准与功能标准的关系后认为，地理标准与功能标准在决定国际海峡的构成时比重并不十分平衡，地理标准具有稳定静态性，是国际海峡的形式构成要件。功能标准体现了海峡对于人类活动的价值，随着航海贸易活动需求的转移，其功能的发挥会随之扩张或者收缩，具有动态变化性，是国际海峡的实质构成要件。相较地理标准，功能标准在确定国际海峡的法律地位时更为重要。[③] 国际海洋法法庭（简称“法庭”）前法

① 屈广清：《海洋法》，中国人民大学出版社，2005，第106页。

② Donald R. Rothwell, “International Straits and Trans-Arctic Navigation,” *Ocean Development & International Law* 43, no. 3 (2012): 270.

③ 李志文、高俊涛：《北极通航的航行法律问题探析》，《法学杂志》2010年第11期。

官雨果·卡米诺斯（Hugo Caminos）则认为仅需满足地理标准即可，功能标准的重要性较低。[①] 事实上，由于《联合国海洋法公约》并未对这两个标准的重要性进行排序，所以地理标准和功能标准在判定海峡的法律地位时存在密切联系，缺一不可。此外，更为需要引起关注的问题是：由于这些需明确法律地位的海峡往往在国际航行中处于关键位置，其战略及经济重要性不言而喻，自会引起国际社会高度关注。由于目前尚不存在能够明确定义用于国际航行的海峡的国际权威机构，在没有国际法院或法庭裁决的情况下，决定性因素很可能是国际共识，特别是在一个特定海峡中利益相关最大国家之间所达成的共识。但这些国家在战略及经济利益上并非一致，因此在达成共识的过程中起作用的不仅仅是法律因素，还包括政治、经济等多方面因素，即海峡法律地位的确定不只是法律过程，还是政治和外交过程。[②]

三、毗连区

毗连区指与一国领海外缘相邻接的一定范围内的海域。在此海域内，沿海国对海关、财政、移民或卫生等事项享有立法以及执法管辖权。具体而言包括：(a) 防止在其领土或领海内违犯其海关、财政、移民或卫生的法律和规章；(b) 惩治在其领土或领海内违犯上述法律和规章的行为。[③]《联合国海洋法公约》对毗连区的宽度亦作了规定，即从测算领海宽度的基线量起，不得超过24海里。[④] 沿海国在毗连区内并不享有主权，而仅享有为上述有限目的之管辖权。

---

① Hugo Caminos, "The legal Régime of Straits in the 1982 United Nations Convention on the Law of the Sea," Collected Courses of the Hague Academy of International Law, 1987, pp. 142-143.

② Joshua Owens、邓云成：《论白令海峡的法律地位》，《中国海洋法学评论》2011年第2期。

③ 《联合国海洋法公约》第三十三条第1款。

④ 《联合国海洋法公约》第三十三条第2款。

四、专属经济区

20 世纪 60 年代，沿海国有权在领海之外建立专属渔区并进行管辖的理念在国家实践的基础上逐渐发展为习惯国际法。[①] 在联合国第三次海洋法会议召开期间，专属经济区制度逐渐为国际社会接受，最终被纳入《联合国海洋法公约》。值得指出的是，虽然专属经济区制度的重要目的在于实现沿海国对生物资源的养护和管理，但同时沿海国的管辖权也随之得到极大扩展。专属经济区是指自沿海国领海基线量起，不超过 200 海里的水域。在该水域内，沿海国享有勘探和开发、养护和管理自然资源的主权权利，以及对下列事项的管辖权：（1）人工岛屿、设施和结构的建造和使用；（2）海洋科学研究；（3）海洋环境的保护和保全。[②] 在沿海国专属经济区内，其他国家享有航行、飞越的自由，铺设海底电缆和管道的自由。[③]

五、大陆架

《联合国海洋法公约》第七十六条对大陆架的定义及其划定作了规定。根据该条第 1 款，沿海国的大陆架包括其领海以外、依其陆地领土的全部自然延伸，扩展到大陆边外缘的海底区域的海床和底土，如果从测算领海宽度的基线量起到大陆边的外缘的距离不到 200 海里，则扩展到 200 海里的距离。[④] 由此可见，《联合国海洋法公约》大陆架界限的确

---

① International Court of Justice, Judgement of Fisheries Jurisdiction (United Kingdom v. Iceland), 1974, para. 52.

② 《联合国海洋法公约》第五十六条。

③ 《联合国海洋法公约》第五十八条。

④ 《联合国海洋法公约》第七十六条第 1 款。

定规定了“自然延伸”与“200海里距离”两项标准。“200海里距离”标准的引入，意味着无论是否具有自然意义上的延伸，沿海国都可以主张200海里的大陆架。[①] 如果沿海国的大陆架在200海里处并未被阻断，那么根据“自然延伸”标准，该国之大陆架将超出200海里。在这种情况下，《联合国海洋法公约》规定了确定大陆边外缘的两种方式，分别为：（1）以最外各定点为准划定界线，每一定点上的沉积岩厚度至少为从该点至大陆坡脚最短距离的百分之一；或（2）以离大陆坡脚的距离不超过60海里的各定点为准划定界线。[②] 为避免那些拥有广阔、平坦邻近海底的国家确定的大陆边外缘距其海岸过于遥远，[③] 第七十六条第5款特别对通过这两种方式划定之大陆架的宽度作出限制，即划定大陆架外部界线的各定点不应超过从领海基线量起350海里，或不应超过2500公尺等深线100海里。[④] “2500公尺等深线”标准意味着沿海国确定的大陆架宽度很可能超出350海里。需要注意的是，若大陆架的外部界限在海底洋脊上，此时不应超出350海里便成为唯一标准。[⑤]

根据《联合国海洋法公约》第七十七条，沿海国对大陆架上自然资源的勘探与开发享有专属性的主权权利，即便沿海国不勘探大陆架或开发此类自然资源，任何人未经其明示同意，都不允许从事这种活动。[⑥] 关于沿海国的大陆架，有两个问题需要注意。首先，沿海国对大陆架的权利不影响上覆水域或水域上空的法律地位；[⑦] 其次，与专属经济区不同，沿海国对大陆架的权利并不取决于有效或象征的占领或任何明文

---

① Satya N. Nandan and Shabtai Rosenne (eds.), *United Nations Convention on the Law of the Sea 1982: A Commentary* (Martinus Nijhoff Publishers 1989), p. 841.

② 《联合国海洋法公约》第七十六条第4款。

③ 张海文主编《〈联合国海洋法公约〉释义集》，海洋出版社，2006，第128页。

④ 《联合国海洋法公约》第七十六条第5款。

⑤ 《联合国海洋法公约》第七十六条第6款。

⑥ 《联合国海洋法公约》第七十七条第1—2款。

⑦ 《联合国海洋法公约》第七十八条第1款。

公告。[①]

《联合国海洋法公约》大陆架制度的一个明显特征，是对“200海里内的大陆架”与“200海里外大陆架”（简称“外大陆架”）作出区分。首先，尽管沿海国对其大陆架拥有主权权利和管辖权，[②] 但以200海里为界，沿海国需要向国际社会分享其对外大陆架的开发收益。具体而言，沿海国对其200海里以外大陆架上非生物资源的开发，应当按规定向国际海底管理局缴纳费用或实物，管理局则应依据公平标准将之予以分配，[③] 沿海国对“200海里以内”大陆架资源的开发则无须缴纳费用或实物。其次，以200海里为界，大陆架外部界限的确定存在区别。在不考虑相邻或相向国家间大陆架重叠的情况下，沿海国可以单方面直接划定200海里大陆架，200海里以外大陆架外部界限的确定，则须向依据《联合国海洋法公约》附件二成立之大陆架界限委员会提交申请。根据《联合国海洋法公约》第七十六条第8款，沿海国须将外大陆架界限的有关资料提交大陆架界限委员会，委员会应向沿海国提出建议。基于委员会建议，沿海国所划定的外大陆架界限，具有确定性和拘束力。[④] 根据《联合国海洋法公约》附件二的规定，沿海国应尽早将关于扩展到200海里以外的大陆架外部界限的资料提交大陆架界限委员会。[⑤] 截至2019年末，大陆架界限委员会已经收到85件外大陆架划界申请案。[⑥]

---

① 《联合国海洋法公约》第七十七条第3款。

② 《联合国海洋法公约》第七十七条至第八十一条。

③ 《联合国海洋法公约》第八十二条。

④ 《联合国海洋法公约》第七十六条第8款。

⑤ 《联合国海洋法公约》附件二第4条；UN, Issues with Respect to Article 4 of Annex Ⅱ to the Convention (Ten-Year Time Limit for Submissions), accessed December 6, 2020, https://www.un.org/Depts/los/clcs_new/issues_ten_years.htm。

⑥ “Submissions, through the Secretary-General of the United Nations, to the Commission on the Limits of the Continental Shelf, Pursuant to Article 76, Paragraph 8, of the United Nations Convention on the Law of the Sea of 10 December 1982,” accessed December 16, 2020, https://www.un.org/Depts/los/clcs_new/commission_submissions.htm.

六、公海

公海是指国家管辖范围外部界线向海一面的国际公共海域。公海对所有国家开放，任何国家不得有效地声称将公海的任何部分置于其主权之下。[①] 国家管辖范围以外的海域向来适用“公海自由原则”。“公海自由”基于两个核心原则：首先，任何国家的船舶都可以在公海上自由航行，并从事合法活动，不受其他国家的干扰；其次，在公海上，船旗国对该国之船舶享有专属管辖权，除了少数的例外情形，任何国家不得对该船舶行使管辖权。[②] 按照《联合国海洋法公约》的规定，公海应只用于和平目的。[③] 依据公海自由原则，所有国家在公海均享有下述自由：航行自由；飞越自由；铺设海底电缆和管道的自由；建造国际法所容许的人工岛屿和其他设施的自由；捕鱼自由；科学研究的自由。[④] 需要注意的是，公海自由并非毫无限制的绝对自由，国家在行使公海自由权的时候，需要适当顾及其他国家行使公海自由的利益，并且适当地顾及《联合国海洋法公约》所规定的同“区域”内活动有关的权利。[⑤]

七、国际海底区域

根据《联合国海洋法公约》第一条的规定，国际海底区域是指国家管辖范围以外的海床、洋底及其底土。[⑥] “区域”及其资源是人类的共

---

① 《联合国海洋法公约》第八十七、第八十九条。

② 路易斯·宋恩：《海洋法精要》，傅崐成等译，上海交通大学出版社，2014，第8页。

③ 《联合国海洋法公约》第八十八条。

④ 《联合国海洋法公约》第八十七条第1款。

⑤ 《联合国海洋法公约》第八十七条第2款。

⑥ 《联合国海洋法公约》第一条第1款。

同继承财产。[①]《联合国海洋法公约》第一百三十七条对“区域”及其资源的法律地位作了详细的规定。首先，任何一国都不应对“区域”或者其资源主张、行使主权或主权权利，不论是国家、自然人还是法人，也不应将前述“区域”或者资源据为己有。这种主张、权利的行使或者据为己有的行为，也不能获得国际承认。其次，对于“区域”内资源的一切权利属于全人类，授权国际管理局作为代表行使该项权利。最后，任何国家、自然人、法人，除非按照本部分的规定，都不应对“区域”的矿物主张、取得或行使权利。这种主张、权利的行使或者据为己有的行为，也不能获得国际承认。[②] 关于“区域”的法律制度特别是“区域”内资源的开发制度，《联合国海洋法公约》第十一部分以及1994年达成的《关于执行1982年12月10日〈联合国海洋法公约〉第十一部分的协定》作了规定，本书第四章《新疆域海洋政治的现状与特点》将进行专门介绍，此处不再赘述。

第三节　海洋渔业资源的养护与管理

渔业资源是人类赖以生存的重要资源，在早期捕鱼技术相对落后的情况下，即便放任捕捞，海洋的自我恢复能力也可使渔业资源恢复至可持续利用状态。然而，20世纪40年代以来，随着捕捞技术和捕捞能力的进步，人类的捕捞与加工能力已经远远超出海洋的自我恢复能力。因此，渔业资源的管理和养护逐渐成为国际社会关注的重要议题。1982年

---

① 《联合国海洋法公约》第一百三十六条。

② 《联合国海洋法公约》第一百三十七条。

《联合国海洋法公约》以及1995年达成的《执行1982年12月10日〈联合国海洋法公约〉有关养护和管理跨界鱼类种群和高度洄游鱼类种群的规定的协定》（简称《鱼类种群协定》），成为目前规范全球海洋渔业治理的重要国际法规则。

《联合国海洋法公约》将全球海洋划分为三种不同性质的海域，分别是主权管辖海域、沿海国享有主权权利和管辖权之大陆架和专属经济区、国家管辖范围外的海域，并分别适用不同的渔业管理制度。

首先，根据《联合国海洋法公约》，沿海国或群岛国家在领海或群岛水域享有主权。① 外国船舶在领海行使无害通过权时不得从事任何捕鱼活动，② 沿海国有权禁止其他国家的渔船行使过境通行权和群岛海道通过权时进行捕鱼活动。③ 值得注意的是，《联合国海洋法公约》规定，群岛国必须尊重和承认其他国家在群岛水域的现有协定和传统捕鱼权。④

其次，《联合国海洋法公约》对缔约国在专属经济区和大陆架上的权利与义务作了规定，对渔业资源的管理和养护是其中的重要内容。该公约第五十六条规定，沿海国拥有对其专属经济区内的自然资源包括渔业资源进行勘探、开发、养护与管理的主权权利，⑤ 第六十一条和六十二条就沿海国对生物资源的养护和利用措施作了较为具体的规定。⑥ 其中，根据第六十二条规定，沿海国对专属经济区内的渔业资源不具有完全的捕捞能力时，应当准许其他国家捕捞可捕量的剩余部分。⑦ 不过，沿海国不仅有权决定自己的捕捞能力，而且还可在考虑到本国经济、其他国家利益、发展中国家需求等因素的基础上，决定是否准许外国渔船

---

① 《联合国海洋法公约》第二条第1款，第四十九条第1—2款。
② 《联合国海洋法公约》第十九条第2款i项。
③ 《联合国海洋法公约》第四十二条第1款c项，第五十四条。
④ 《联合国海洋法公约》第五十一条。
⑤ 《联合国海洋法公约》第五十六条第1款a项。
⑥ 《联合国海洋法公约》第六十一至第六十二条。
⑦ 《联合国海洋法公约》第六十二条第2款。

捕捞可捕量的剩余部分。[①] 沿海国对其大陆架上的自然资源享有主权权利和管辖权，包括大陆架上属于定居种的生物资源。需要指出的是，《联合国海洋法公约》对于专属经济区内渔业资源的养护与利用的规定，包括允许其他国家捕捞剩余可捕量的规定，并不适用于大陆架上的定居种。[②] 对于此类鱼种的养护与开发，应由沿海国自行决定。[③]

第三，对于公海生物资源的养护和管理，《联合国海洋法公约》第七部分第二节作了专门规定。由于没有任何国家享有对公海之主权或主权权利，因此公海的渔业资源捕捞应适用公海自由原则。据此，所有国家均有权在公海捕鱼。对于公海捕鱼活动的管理，《联合国海洋法公约》规定应由船旗国承担此项义务。《联合国海洋法公约》从公海捕鱼的限制（第一百一十六条）、船旗国之义务（第一百一十七条）、各国合作以养护和管理生物资源的义务（第一百一十八条）、各国应采取的养护措施（第一百一十九条）四个方面，对公海渔业资源的养护和管理作了规定。具体而言，所有国家在符合各自条约义务以及遵守沿海国之权利与义务的条件下，均有权由其国民在公海上捕鱼。[④] 船旗国有义务采取，或者与其他国家合作采取养护公海渔业资源之必要措施。[⑤] 各国有义务在管理公海生物资源上进行合作，并为此在适当情形下合作设立分区域或者区域渔业组织。[⑥] 同时，在决定公海生物资源的可捕量以及制定其他养护措施时，各国应采取措施，以使鱼种的数量维持在或恢复到能够生产最高持续产量的水平。不仅如此，各国还应确保这些养护措施及其

---

① 《联合国海洋法公约》第六十二条第2—3款。
② 《联合国海洋法公约》第六十八条，第七十七条第4款。
③ 《联合国海洋法公约》第七十七条第2款。
④ 《联合国海洋法公约》第一百一十六条。
⑤ 《联合国海洋法公约》第一百一十七条。
⑥ 《联合国海洋法公约》第一百一十八条。

实施是非歧视性的。[1] 除此之外，《联合国海洋法公约》对六个出现在两个或两个以上管辖海域的鱼类种群的管理作了规定，这六个种群分别为共享鱼种、跨界鱼种、高度洄游鱼类、海洋哺乳动物、溯河产卵种群、降河产卵鱼种。[2] 为了通过有效地执行《联合国海洋法公约》有关规定，确保跨界鱼类种群和高度洄游鱼类种群的长期养护与可持续利用，各国于1995年达成《鱼类种群协定》。《鱼类种群协定》从船旗国、港口国以及沿海国三个方面着手，进一步强化了涉及这些种群的渔业规范的遵守、控制以及执行。

第四节 海洋科学研究制度

为了对主权管辖海域、沿海国享有主权权利和管辖权的大陆架和专属经济区、国家管辖范围以外海域的海洋科学研究活动进行规范，《联合国海洋法公约》第十三部分专门制定了海洋科学研究制度。

一、领海的海洋科学研究

根据《联合国海洋法公约》第二条第2款，沿海国对领海的主权及于领海的上空、海床和底土。[3] 针对领海内的海洋科学研究，按照《联合国海洋法公约》的规定，沿海国对其领海内的海洋科学研究享有规定、准许和进行的专属权利。他国在沿海国领海内的海洋科学研究活动

① 《联合国海洋法公约》第一百一十九条。

② 《联合国海洋法公约》第六十三至六十七条。

③ 《联合国海洋法公约》第二条第2款。

需要获得沿海国明示同意，并在其规定的条件下才可进行。[①] 此外，尽管船舶在沿海国领海内享有《联合国海洋法公约》第十七条规定的“无害通过权”，[②] 但该项权利明确不包括“进行研究或测量活动”。[③]

二、专属经济区内和大陆架上的海洋科学研究

根据《联合国海洋法公约》第五十六条，沿海国对其专属经济区内的海洋科学研究具有管辖权。[④] 尽管《联合国海洋法公约》第六部分并未对沿海国在大陆架上的此项权利作出更为明确的规定，但根据《联合国海洋法公约》第十三部分，沿海国对其大陆架上的海洋科学研究亦具有管辖权。据此，根据《联合国海洋法公约》第五十六条和第二百四十六条，沿海国对其专属经济区和大陆架上的海洋科学研究活动享有管辖权。

按照《联合国海洋法公约》的规定，沿海国享有规定、准许和进行在其专属经济区内或大陆架上的海洋科学研究的权利。[⑤] 其他国家在沿海国专属经济区或大陆架上进行相关海洋科学研究，应征得沿海国的同意。[⑥] 然而，《联合国海洋法公约》既保障沿海国的主权权利和管辖权，同时也努力维护其他国家进行海洋科学研究的权利。[⑦] 为此，第二百四十六条专门设计了“专属经济区和大陆架海洋科学研究”的“同意制

① 《联合国海洋法公约》第二百四十五条。
② 《联合国海洋法公约》第十七条。
③ 《联合国海洋法公约》第十九条第2款j项。
④ 《联合国海洋法公约》第五十六条第2款b项。
⑤ 《联合国海洋法公约》第二百四十六条第1款。
⑥ 《联合国海洋法公约》第二百四十六条第2款。
⑦ Alexander Proelss (ed.), *United Nations Convention on the Law of the Sea: A Commentary* (Oxford: Hart Publishing, 2017), p. 1652.

度”,[①] 即沿海国负有在“正常情形”下同意海洋科学研究计划的义务。[②]

首先,《联合国海洋法公约》规定,尽管只有在征得沿海国同意的情况下,其他国家或国际组织才可以在沿海国专属经济区或大陆架进行科学研究,然而,沿海国也负有在“正常情形”下,同意海洋科学研究计划的义务。[③] 既然《联合国海洋法公约》特别规定了“正常情形”,这就意味着,在“非正常情形”下,沿海国有权拒绝海洋科学研究计划。《联合国海洋法公约》仅规定,沿海国与研究国之间没有外交关系,不能排除“正常情形”的存在。[④] 除此之外,并未对判断“正常情形”的标准作其他规定。

其次,根据第二百四十六条第5款和第6款,沿海国有权斟酌决定,并拒绝其他国家或国际组织的海洋科学研究。第二百四十六条第5款规定,如果其他国家或国际组织在沿海国专属经济区或大陆架的某项海洋科学研究计划符合该款规定的4种情形之一,[⑤] 沿海国即可斟酌决定并拒绝该计划。

需要指出的是,沿海国所享有的斟酌决定权,仅限于对计划本身作

---

① Alfred H. A. Soons, Marine Scientific Research and the Law of the Sea (Deventer: Kluwer Law and Taxation Publishers 1982), p. 164.

② 《联合国海洋法公约》第二百四十六条第2—3款;Alfred H. A. Soons, *Marine Scientific Research and the Law of the Sea* (Deventer: Kluwer Law and Taxation Publishers 1982), p. 164。

③ 《联合国海洋法公约》第二百四十六条第2—3款;Alfred H. A. Soons, *Marine Scientific Research and the Law of the Sea* (Deventer: Kluwer Law and Taxation Publishers 1982), p. 164。

④ 《联合国海洋法公约》第二百四十六条第4款。

⑤ 《联合国海洋法公约》第二百四十六条第5款。这四种情形分别为:(a)与生物或非生物自然资源的勘探和开发有直接关系;(b)涉及大陆架的钻探、炸药的使用或将有害物质引入海洋环境;(c)涉及第六十条、第八十条所指的人工岛屿、设施和结构的建造、操作或使用;(d)含有依据第二百八十四条提出的有关该计划的性质和目标的不正确情报,或如进行研究的国家或主管国际组织由于先前进行研究计划而对沿海国负有尚未履行的义务。

出同意与否的决定，而非斟酌决定该计划是否符合第5款的情形。[1] 根据第二百四十六条第6款，若沿海国在200海里外的大陆架上，公开指定了某些特定区域，并且指定的这些区域已经在进行，或者将在合理期间内进行开发或者详探作业，对于该区域内并且按照《联合国海洋法公约》第十三部分规定进行的海洋科学研究计划，如果其符合第5款规定的4种情形之一，沿海国可斟酌决定并拒绝予以同意，对于该重点区域外且按照《联合国海洋法公约》第十三部分规定进行的研究计划，若其仅属于第5款a项的情形，即“与生物或非生物自然资源的勘探和开发有直接关系”，则沿海国不得行使斟酌决定权拒绝同意该计划。[2] 这同时意味着，如果一项研究计划属于第5款的其他情形，沿海国仍然有权斟酌决定并拒绝同意。

第二百五十三条旨在确保研究国或国际组织在进行海洋科学研究的过程中，遵守《联合国海洋法公约》第二百四十八条“向沿海国提供资料的义务”，以及第二百四十九条“遵守某些条件的义务”。具体而言，根据第二百四十八条，有意在某沿海国的专属经济区内或大陆架上从事海洋科学研究活动的国家及国际组织，需要在该研究计划开始前至少六个月，向沿海国提供详细的说明资料。[3] 根据第二百四十九条，这些国

① Alfred H. A. Soons, *Marine Scientific Research and the Law of the Sea* (Deventer: Kluwer Law and Taxation Publishers 1982), p. 170.

② 《联合国海洋法公约》第二百四十六条第6款。

③ 《联合国海洋法公约》第二百四十八条：（a）计划的性质和目标；（b）使用的方法和工具，包括船只的船名、吨位、类型和级别，以及对科学装备的说明；（c）进行计划的精确地理区域；（d）研究船最初到达和最后离开的预定日期，或装备部署和拆除的预定日期，视情况而定；（e）主持机构的名称、其主持人和计划负责人的姓名；（f）认为沿海国应能参加或有代表参与计划的程度。

家或者国际组织还须遵守一定的条件。[①]

为此目的，《联合国海洋法公约》第二百五十三条允许沿海国在一定条件下，要求研究国、国际组织暂停或者停止在其专属经济区或者大陆架正在进行的科学研究活动。[②] 首先，根据第二百五十三条第1款，在两种情形下，沿海国有权要求暂停正在进行的海洋科学研究。其一，对于未按照第二百四十八条的规定提出的，且经沿海国作为同意的基础的情报进行的研究活动，沿海国有权要求暂停；其二，进行海洋科学研究的国家或主管国际组织未遵守第二百四十九条规定的义务，包括确保沿海国的参与、向其提供特定信息或样品、在研究完成后立即拆除科学研究设施或装备等，沿海国有权要求暂停。[③] 对于由沿海国根据第二百五十三条第1款要求暂停的海洋科学研究活动，若研究国或国际组织已经遵守第二百四十八条和第二百四十九条的要求，沿海国应当撤销其暂停命令，该项海洋科学研究活动也应当获准继续进行。[④] 其次，按照第二百五十三条第2款和第3款的规定，对于下述的两种情况，沿海国有权要求正在进行的海洋科学研究停止。其一，在研究计划已经被沿海国按照该条第1款的规定暂停后，若情形在合理期间内没有得到纠正，沿

① 《联合国海洋法公约》第二百四十九条：(a) 如果沿海国愿意，确保其有权参加或有代表参与海洋科学研究计划，特别是于实际可行时在研究船和其他船只上或在科学研究设施上进行，但对沿海国的科学工作者无须支付任何报酬，沿海国亦无分担计划费用的义务；(b) 经沿海国要求，在实际可行范围内尽快向沿海国提供初步报告，并于研究完成后提供所得的最后成果和结论；(c) 经沿海国要求，负责供其利用从海洋科学研究计划所取得的一切资料和样品，并同样向其提供可以复制的资料和可以分开而不致有损其科学价值的样品；(d) 如经要求，向沿海国提供对此种资料、样品及研究成果的评价，或协助沿海国加以评价或解释；(e) 确保在第2款限制下，于实际可行的情况下，尽快通过适当的国内或国际途径，使研究成果在国际上可以取得；(f) 将研究方案的任何重大改变立即通知沿海国；(g) 除非另有协议，研究完成后立即拆除科学研究设施或装备。

② Alexander Proelss (ed.), *United Nations Convention on the Law of the Sea: A Commentary* (Oxford: Hart Publishing 2017), p. 1701.

③ 《联合国海洋法公约》第二百五十三条第1款。

④ 《联合国海洋法公约》第二百五三十条第5款。

海国有权停止该项研究;[1] 其二，对于任何没有遵守第二百四十八条规定之情形，若此等情形等同于将初始的研究计划、研究活动作出重大的改变，沿海国有权停止该项研究活动。[2]

三、公海和“区域”的海洋科学研究

根据《联合国海洋法公约》第八十七条第1款，所有国家在公海上享有进行海洋科学研究的自由。[3] 根据《联合国海洋法公约》第二百五十六条，所有国家均有权在“区域”内进行海洋科学研究。[4] 研究国在公海和“区域”内从事海洋科学研究，应当遵循四项一般原则，它们分别为：（1）海洋科学研究应专为和平目的而进行；（2）海洋科学研究所使用的科学方法和工具，应当符合《联合国海洋法公约》规定；（3）海洋科学研究不应该不当干扰海洋的其他正当用途，而这种研究在上述用途过程中应适当地受到尊重；（4）海洋科学研究的进行，需要遵守依据《联合国海洋法公约》所制定的一切相关规章，其中包括关于保护和保全海洋环境的规章。[5]

第五节　海洋争端解决机制

随着人类海洋活动的增加，相关争端愈发复杂多样。为了促进海洋

① 《联合国海洋法公约》第二百五十三条第3款。
② 《联合国海洋法公约》第二百五十三条第2款。
③ 《联合国海洋法公约》第八十七条第1款f项。
④ 《联合国海洋法公约》第二百五十六条。
⑤ 《联合国海洋法公约》第二百四十条。

争端的和平解决，《联合国海洋法公约》专门设计了一套争端解决机制。

一、海洋争端

广义的海洋争端泛指国际社会对一切与海洋有关的事务的争端，其含义应包括：(1)《联合国海洋法公约》规定的所有关于法律解释的适用争端；(2) 有关海洋的其他国际公约规定的所有关于法律解释和适用的争议；(3) 国际社会的合同、协定所规定的所有关于合同、协定条款解释和适用的争议；(4) 争议的主体应该是国家与国家、国家与别国的自然人与法人、不同国籍的自然人或法人，争议的客体（多指船舶、货物等）涉及别国的同国籍的自然人或法人。

广义的海洋争端解决一般包括以下途径：(1) 按照《联合国海洋法公约》以及其他国际公约之规定，国际法院、国际海洋法法庭拥有强制管辖权的争端，须通过国际法院或者国际海洋法法庭加以解决；(2) 根据争端当事各国的一致意愿，可以选择国际海洋法法庭、国际法院、仲裁法庭或特别仲裁法庭，以解决有关海洋法公约的解释或适用的争端；(3) 根据争端当事各方的一致意愿，可以选择国际海洋法法庭分庭、仲裁法庭或特别仲裁法庭，以解决有关海洋法公约和其他有关海洋的国际公约的解释或适用的争端以及合同、协定条款适用的争议；(4) 有关海商海事的纠纷，一般都在当事各方协商一致的情况下通过各国设立的国际海事仲裁机构及海事司法机关解决；(5) 上述解决争端的各种方法，都不妨碍当事各方为解决争端、争议达成和睦解决而协议某种其他程序的权利。一般争议当事各方应优先利用这种权利。狭义的海洋争端，仅是指同《联合国海洋法公约》解释或适用相关之争端，这类争端的解决，适用《联合国海洋法公约》第十五部分争端解决机制。

二、《联合国海洋法公约》的争端解决机制

《联合国海洋法公约》不仅对海洋空间作出明确划分，并且规定了国家及其他行为体在领海、毗连区、专属经济区、公海、大陆架以及“区域”等海域开展活动的权利和义务。《联合国海洋法公约》的达成既是国际海洋法的重要发展，也是国际法编纂活动的重要一环。考虑到缔约国开展的海洋活动不可避免地会产生争端，加之各国管辖海域范围扩大导致的海域主张产生重叠，为保障缔约国的权利以及条文解释和适用的一致性，《联合国海洋法公约》提供了一套复杂的争端解决体系。《联合国海洋法公约》的争端解决体系既包括谈判、调解等传统上基于国家同意的争端解决程序，也纳入了仲裁和诉讼这两类导致有拘束力裁判的强制程序，充分保证了缔约国选择争端解决程序的自由和灵活性，不同类型的争端也可通过诉诸符合争端特征的程序加以解决。在《联合国海洋法公约》的四百四十六条（包含附件）规定中，第十五部分争端解决机制及其相关附件就有一百多条，也即《联合国海洋法公约》中将近四分之一的条款是关于争端解决的，足以显示出争端解决机制的重要性。作为“一揽子协议”的一部分，《联合国海洋法公约》第十五部分争端解决机制也是各国经过长期谈判和妥协后的产物。该争端解决体系的特征还表现为，《联合国海洋法公约》在赋予缔约国选择争端解决程序方面以极大自由的同时，确立了一套以强制性程序为主的争端解决机制。根据《联合国海洋法公约》，绝大多数争端自动适用强制程序，而无须提前征得缔约国之同意，这一特征使其在国际法的发展中拥有非常独特的地位。[①]

---

① Donald R. Rothwell and Tim Stephens, *The International Law of the Sea* (Oxford: Hart Publishing 2016), p. 650.

《联合国海洋法公约》第十五部分总共包含三节，第一节为争端解决的一般规定，第二节为导致有拘束力裁判的强制程序，第三节为适用导致有拘束力裁判的强制程序的限制和例外。总体上看，《联合国海洋法公约》对争端解决体系作出如下安排。

首先，《联合国海洋法公约》允许缔约国通过自行选择的和平方法解决争端，当事方既可以运用《联合国海洋法公约》框架内的争端解决程序，也可以利用自行选择的任何其他方法解决争端。[①] 同时，鼓励缔约国通过自愿调解解决争端。为此，第二百八十四条专门对自愿调解予以规定。争端只有在已经诉诸第一节的程序，却没有得到解决的情况下，才能被提交至第二节规定的仲裁或诉讼。[②]

其次，《联合国海洋法公约》第三百零九条对缔约国的保留和例外做了一般禁止性规定。[③] 因此，根据《联合国海洋法公约》第二百八十六条，除第十五部分第三节明确规定的限制和例外，[④] 所有争端在已经诉诸第一节规定的方法却没有得到解决的情况下，均须提交第二节规定的导致有拘束力裁判的强制程序，这些程序将作出对争端各方具有法律拘束力的裁决。为保障缔约国选择程序的自由，第二节提供了国际海洋法法庭、国际法院、附件七仲裁以及附件八特别仲裁四种强制程序。根据第二百八十七条第 1 款，缔约国应以书面声明的方式，选择其中一种或多种程序作为争端解决方式。[⑤] 需要注意的是，该条在允许缔约国对这四种强制程序作出选择的同时，也将附件七仲裁规定为最后手段。根据第二百八十七条第 3 款和第 5 款，对于尚未依据第二百八十七条第 1 款作出声明，或者争端各方未接受同一程序以解决争端，默认适用附件

---

① 《联合国海洋法公约》第二百八十至第二百八十二条。

② 《联合国海洋法公约》第二百八十六条。

③ 《联合国海洋法公约》第三百零九条。

④ 《联合国海洋法公约》第二百八十六条。

⑤ 《联合国海洋法公约》第二百八十七条第 1 款。

七仲裁作为解决争端的方法，确保任何缔约国实际上都不得不接受至少一种导致有拘束力裁判的强制程序。

最后，为平衡缔约国就与沿海国主权权利、海洋划界等敏感议题相关的争端适用第二节强制程序的争议，第二百九十七条和二百九十八条一方面允许将部分争端排除在第十五部分第二节导致有拘束力裁判的强制程序的适用范围之外，另一方面仍然尽最大努力将这些争端的解决保留在《联合国海洋法公约》的争端解决体系内。根据第二百九十七条第2款和第3款，部分涉及海洋科学研究和渔业的争端，尽管缔约国没有提交第二节强制程序的义务，但仍须接受强制调解；根据第二百九十八条，缔约国有权对有关第十五、第七十四和第八十三条的海洋划界争端以及涉及历史性海湾或所有权的争端作任择性声明，将这类争端排除在第二节强制程序的适用范围外。然而，对于其中的部分争端，缔约国在作出任择性声明后，仍然有义务接受强制调解。

三、国际法院

诚如上文所述，《联合国海洋法公约》第十五部分关于争端的解决中，规定该公约的缔约国可以根据自愿原则将关于公约解释和适用的海洋争端交由国际法院管辖，即海洋争端的解决导致有拘束力裁判的强制程序时，可以诉至国际法院解决。根据《联合国宪章》第九十二条的规定，国际法院是联合国的主要司法机关，应当按照相关规约履行它的职务。这里所指的规约，以国际常设法院的规约为根据，并构成《联合国宪章》的一部分。国际法院根据《联合国宪章》《国际法院规约》而设立，位于荷兰的海牙。中国是联合国创始成员国，1945年已签署和批准《联合国宪章》，当然也是《国际法院规约》的当事国。

（一）国际法院的管辖

国际法院主要行使两类管辖，分别是诉讼管辖、咨询管辖。

诉讼管辖。国际法院行使诉讼管辖权，其基础是当事方的同意。诉讼当事方仅限国家，任何其他组织、团体或个人都不能作为国际法院的诉讼者。一般而言，国际法院所受理的案件，主要包括三个方面：(1) 当事国提交的一切案件，国际法院对此类案件的管辖统称为自愿管辖；(2)《联合国宪章》或现行条约及协约中所特定的一切案件，国际法院对此类案件的管辖统称为协定管辖；(3) 其他法律争端，包括条约解释国际法的问题、经确认违反国际义务的事实、因违反国际义务而应该给予赔偿的性质及其范围，对此类案件的管辖统称为任意强制管辖。

咨询管辖。咨询管辖主要是指国际法院应联合国大会、联合国安理会、经联合国大会授权之其他专门机构请求，对相关问题发表咨询意见。一般而言，国际法院的咨询意见仅具有咨询的性质，并不具有法律拘束力。从这个意义上讲，国际法院是联合国大会及相应机构的咨询机构。

（二）国际法院适用的法律

国际法院受理上述管辖案件，应依据国际法裁判之。裁判时应适用：(1) 诉讼当事方承认的国际条约；(2) 国际习惯；(3) 各国认可的一般法律原则；(4) 可以作为确定法律原则补充资料的判例、权威公法学家的学说；(5) 经当事国同意，也可以适用“公允及善良”原则。

（三）国际法院的诉讼程序

根据《国际法院规约》的规定，国际法院的诉讼大致包括以下几个主要程序。

诉讼受理。诉讼程序从起诉开始，诉讼可用提交诉讼请求书的方式，也可用提交特别协定的方式。国际法院的诉讼程序主要可以分为书面程序、口述程序以及附带程序。书面程序是指诉讼、辩诉状以及答辩状，连同可资佐证的各种文件、公文文书，送达法院及各当事国。口述程序是指法院审讯证人、鉴定人、代理人、律师及辅佐人。附带程序包括临时保全、被诉方的初步反对主张、反诉、参加、向国际法院的特别提交与中止。

诉讼审理。审理应由全体法官参加开庭审讯（法官9人即可构成法院的法定人数）。法庭可以采取一切必要措施搜集证据；可以委托任何个人、组织负责案件调查和鉴定；法院可以设立分庭，处理特种案件。法院判决由法官秘密评议，所有问题均应由出席法官的过半数决定。如果遇到票数相等的情形，则由院长或者代理院长职务的法官投出决定票。

国际法院判决执行程序。国际法院的判决只对当事国及本案有拘束力。国际法院的判决是终局性的，不得上诉。但如果发现新的具有决定意义的事实，当事国可申请复核。但国际法院在接受复核诉讼前，当事国必须先行履行判决内容。国际法院的判决一旦形成，当事国应当兑现“遵守国际法院判决”的承诺。

（四）国际法院的咨询程序

对于依照《联合国宪章》或者该宪章授权的团体请求的问题，国际法院必须发表咨询意见。咨询一般依照如下程序进行。凡是向国际法院请求咨询意见的问题，请求者（团体或国家）应该将其申请书递交至国际法院，申请书需要准确地叙述问题，并且附上有关文件。国际法院既可以对所提出的问题作出书面陈述，也可以在公开审讯时，当庭口头陈述。国际法院应当庭公开宣告其咨询意见，并先期通知秘书长、联合国会员国以及有直接关系的其他国家和国际团体的代表。国际法院的咨询意见没有法律拘束力。

四、国际海洋法法庭

国际海洋法法庭是依照《联合国海洋法公约》，在德国汉堡所设立的，专为处理海洋争端的司法机构。法庭依据《联合国海洋法公约》和《国际海洋法法庭规约》的规定组成并履行其职责。

（一）国际海洋法法庭的组织

法官的选举，须按照《联合国海洋法公约》缔约国协议达成的程序进行。法庭由 21 名独立法官组成。得票最多并获得出席并参加表决的缔约国三分之二多数票的候选人应当当选为法官。需要指出的是，该项多数应包括缔约国的过半数。法官任期为 9 年，可以连选连任。

（二）国际海洋法法庭的管辖

《联合国海洋法公约》规定，国际海洋法法庭对下述案件拥有管辖权：(1) 同《联合国海洋法公约》的解释或适用有关的任何争端；(2) 同《联合国海洋法公约》之目的有关的其他国际协定的解释或适用的所有争端；(3) 经过与《联合国海洋法公约》主题事项有关之现行有效条约或公约的缔约国同意，与此类条约或公约的解释或适用相关的争端，也可以提交给法庭。法庭仅仅是《联合国海洋法公约》规定的导致有拘束力裁判的诸多强制程序之一种。缔约国还可以在任何时间，以书面的方式选择法庭或者《联合国海洋法公约》规定之其他程序，如国际法院、仲裁庭等解决争端。同时，《联合国海洋法公约》也对强制争端解决程序的适用设定了限制和例外情形。例如，对于与主权权利或管辖权行使的法律执行活动相关的争端、关于划定海洋边界的《联合国海洋法公约》条款之解释或适用的争端、与军事活动有关的争端、正在由联合国安理会执行《联合国宪章》所赋予职务的相关争端四类争端，缔约国可在任何时候以书面声明的方式，表示不接受《联合国海洋法公约》规定的相关强制程序。根据上述规定，国际海洋法法庭的管辖可以概括为以下五个方面：（1）法庭诉讼当事方；（2）法庭管辖的争端；（3）法庭的任选强制管辖权；（4）法庭适用的法律；（5）法庭程序和裁判。

第三章

世界海洋政治实践概览

近现代以来海洋政治的主要表现形式之一，就是民族国家维护和拓展自身海洋利益的相关政策和战略。基于不同时代的国际关系形势和自身的要素禀赋，不同的民族国家在不同的发展阶段通过动员政治、经济、军事、外交等各项国力国势要素，选择不同的路径和方式实施海洋战略，由此产生的国家间的合作与竞争关系，构成了海洋政治的历史。与资本主义从原始积累向资本输出演变的过程相适应，贸易、殖民和海军建设构成二战之前各国海洋政治实践的主要内容。与此同时，海洋政治也必须与国家大战略的其他部分相协调，必须适应国际关系整体的发展演变。正是国家综合国力积累以及对海外利益的不断开拓引发了海洋空间的权势转移。海洋大国的兴衰轮替也相应地成为理解世界海洋政治兴衰的关键线索。

第一节　近代海洋政治的兴起

葡萄牙和西班牙是西方大航海的先行者。二者海权的发展经验特别有助于说明国家政治体制、资源禀赋和地缘战略与海洋政治的紧密联系。两国与荷兰及英国的海权竞争也在颇大程度上反映出资本主义条件下海洋政治的一般特点。

一、葡萄牙的国家海洋战略

葡萄牙的海外扩张始于阿维什王朝（1385—1580年）[①] 的若昂一世在位期间。1415年，若昂一世攻占了北非地区重要的交通及贸易枢纽休达。这也是葡萄牙建立海洋帝国的开始。葡萄牙大航海及海外殖民事业的真正奠基者是若昂一世的第三子，即亨利王子。通过围绕在他周围的一大群航海家、地理学家、制图师、占星家，亨利王子将15世纪先进的航海知识、宗教热情以及对财富的贪婪全部调动起来，筹划和协调航海探险活动。在葡萄牙的大航海事业中，葡萄牙人的宏伟抱负是寻找东方的香料产地，打破意大利地区国家对于香料贸易的垄断，以及寻找并与传说中的基督教君主约翰王结盟。这也显示葡萄牙人渴望借由海外探险发起并推进对穆斯林势力的战争，增强其在欧洲大陆的影响力。15世纪初一系列地理发现拉开了葡萄牙海权崛起的序幕。1418—1419年，葡萄牙航海家发现了马德拉群岛；1427年，又发现了亚速尔群岛；1434年，葡萄牙人穿过了非洲西部的博哈多尔角；1445年后，葡萄牙船队已经越过撒哈拉沙漠的南部边缘；1455—1456年，葡萄牙人又发现了佛得角群岛并初步探索了冈比亚河。至1460年亨利王子去世时，葡萄牙人的航海事业已经为这个国家大战略调整开辟了新的方向。

若昂二世时期，葡萄牙的海外探险事业继续向前发展。1481—1485年，葡萄牙人在非洲建立了米纳和圣多美两个殖民地，并把它们打造成为几内亚直到刚果河的非洲地区的贸易中心。1487年，迪亚士奉若昂二

---

① 顾卫民：《葡萄牙海洋帝国史（1415—1825）》，上海社会科学院出版社，2018，第48页。

世之命探寻到达印度的航路，并发现了好望角。1497 年，葡萄牙人的船队开始进入印度洋，并随着季风到达了印度。

葡萄牙和西班牙都是航海大发现的先驱，而它们的矛盾在海外拓殖的过程中也逐渐加深。1492 年，哥伦布在驶向美洲的航程中发现了西印度群岛，直接引发了对新大陆归属权的争议。在罗马教宗亚历山大六世的调解下，1494 年，葡萄牙与西班牙缔结了《托尔德西里亚斯条约》，划分了双方的海外及殖民势力范围。规定在佛得角群岛以西约 370 里格处，从南极到北极画出一条直线，这条直线以东所有的地方都归属葡萄牙人，以西则属于西班牙的势力范围。

此后，达・伽马于 1498 年到达了印度，葡萄牙与印度的贸易联系至此真正开始。到达了印度后，葡萄牙人首先在重要港口科钦建立要塞，将此地作为在印度西海岸的贸易基地。1500 年，葡萄牙人又发现了巴西。1509 年 2 月 2 日，葡萄牙人在第乌海战中大败穆斯林舰队，确立了在印度洋的制海权。而葡萄牙在印度霸权的真正奠基者则是葡属印度的第二任总督阿方索・德・阿尔布开克。1510 年，阿尔布开克占领了果阿。这处得天独厚的优良海港随之被建设成为葡属印度的中心。以果阿为枢纽，葡萄牙试图控制从阿拉伯海延伸到东非海岸的广大海域。为了将贸易网络进一步向东方延伸，1511 年葡萄牙人又攻占了马六甲。然而，受限于国内的人口规模和生产力水平，葡萄牙始终未能将自己建立的要塞、口岸和港口发展成为真正的殖民地。

若昂三世在位期间（1521—1557 年），葡萄牙的海洋扩张进入了尾声，其海洋战略开始进入守成期。为了集中力量发展海外拓殖事业，若昂三世几乎不参加任何欧陆上的外交及政治纷争，并且在迫不得已的情况下放弃了相当部分的北非领地，将全副精力投注在守住海外的庞大帝国遗产上。若昂三世采取的重要举措之一就是大力开拓在巴西的殖民地，将从亚马孙河到桑托斯附近的广大地区划分为 12 个世袭舰长领地，大力发展木材、甘蔗种植和制糖业。1549 年，葡萄牙人又建立了萨尔瓦多城，直至 1763 年，此地一直被作为葡属巴西的首府。16 世纪中后期，葡萄牙人已将法国人从巴西驱逐出去，巴西的大西洋海岸完全处于葡萄牙人的控制之下。在印度，到 16 世纪中叶，葡萄牙人又控制了果阿周围的大片地区，占领了具有重要战略意义的第乌。大致在同一时期，葡萄牙人与远东的贸易也得到了一定程度的提升。早在 1517 年，葡萄牙人就到达中国，开始尝试与中国建立正式的贸易关系。1542 年，葡萄牙人建立了与日本的联系。为了便利与中国和日本的贸易，葡萄牙人还强行租借了中国的澳门。

然而，大航海在带给葡萄牙权势与荣耀的同时，也败坏了其社会道德和政治秩序，让葡萄牙人沾染上骄奢和自大的恶习。而且 16 世纪中后期的欧洲国际安全环境更加动荡，葡萄牙必须付出更大的成本来维护自身的领土安全。因为国家管理殖民事业的官僚体制弊病丛生，1570 年，葡萄牙王室放弃了对于东方贸易的垄断地位，开始将贸易权利向私人出租。本着强烈的十字军精神，阿维什王朝的末代君主塞巴斯蒂安决心调整先前历代君主确定的向印度和巴西扩张的战略，转而用兵北非。但是，1578 年，葡萄牙远征摩洛哥的大军惨遭覆灭。1580 年，势竭力穷又遭遇王权继承危机的葡萄牙被西班牙吞并。

二、西班牙海洋霸权的兴衰

略晚于葡萄牙的海外拓殖事业，西班牙人也于 16 世纪初开始了向海外的殖民历程。1492 年 1 月，西班牙驱逐摩尔人的“收复失地运动”胜利结束。西班牙在卡斯蒂利亚和阿拉贡的领导下获得统一和独立。面对葡萄牙海洋霸权崛起造成的新的海洋安全形势，西班牙君主费尔南多和伊莎贝拉也不甘屈居人后，期待通过发展海洋霸权赢得财富和威望。

西班牙海洋战略的首要举措就是对海外新空间的探索以及随之而来的对海外财富的掠取。1492 年，获得西班牙王室支持的哥伦布从非洲西北部的加那利群岛出发，进入现在的加勒比群岛地区，发现了古巴、海地等地。通过和葡萄牙签订《托尔德西里亚斯条约》，西班牙获得了开发西印度群岛的专属权利。正当葡萄牙人绕过好望角，在印度洋大肆扩张的时候，西班牙航海家麦哲伦也完成了环球航行。麦哲伦远航的一大贡献就是发现了菲律宾，并开启了西班牙在东方的香料贸易。从 1525 年之后，西班牙不断发动对菲律宾的征服行动。在拉美地区，1519 年，西班牙探险者到达了墨西哥的尤卡坦半岛，1521 年征服了墨西哥地区的阿兹特克帝国，随后在 1532 年抵达北美大陆，在加利福尼亚海岸上建立了前哨据点。至 1533 年，西班牙已完成对整个印加帝国的征服。

海外探险和征服为西班牙榨取殖民财富打开了大门，并刺激了西班牙的海洋贸易。西班牙从欧洲与美洲之间的糖、可可及烟草贸易中获利颇丰。与此同时，西班牙着力开发海外殖民地丰富的自然资源。种植业和采矿业在拉美地区逐渐兴盛起来。特别是对秘鲁、墨西哥和玻利维亚贵金属矿藏的开发极大提升了西班牙的经济实力。

然而，西班牙海洋战略的核心却不在海外殖民地的开发，而在于对欧洲海域制海权的掌控。这是由西班牙特殊的国情决定的。经过近 300 年的联姻和征服，16 世纪中期的西班牙已经是一个庞大的欧陆霸主，其领土和势力范围包括比利时、卢森堡、荷兰、意大利境内的那不勒斯和西西里，以及神圣罗马帝国（德国、奥地利、捷克、斯洛伐克、匈牙利、波兰部分领土）。广袤的西班牙帝国也有着众多的敌人，在海洋安全方面最令人头痛的就是尼德兰起义和奥斯曼土耳其在地中海方向的扩张。从海外殖民地搜刮而来的巨额财富成为西班牙应对海陆敌人的重要资源。

1453 年，奥斯曼土耳其攻陷君士坦丁堡，兵锋直指中南欧的天主教轴心地带。在15世纪下半叶，奥斯曼土耳其的海上力量逐渐动摇了威尼斯在东地中海地区的霸权，一度将战火引向意大利和西班牙近海地区。在谢利姆一世苏丹在位时，奥斯曼帝国基本完成了在中东和北非的扩张，封闭了欧洲从地中海进入中东和印度洋的通道。苏莱曼一世即位后，更是发起更大规模的海上进攻。1538年，西班牙、威尼斯和教皇国海军在普雷韦扎海战中大败于奥斯曼海上力量，奥斯曼土耳其一度成为地中海的主人。此后，奥斯曼海军又挫败西班牙妄图收复的黎波里的行动。在成功占领了塞浦路斯岛后，奥斯曼土耳其的扩张终于引发了西班牙、威尼斯和教皇国海上力量的再度联合，基督教联合舰队与奥斯曼土耳其帝国海军在勒班陀决战，最后以基督教联盟大获全胜而告终。

然而，西班牙的胜利无法最终确保其长时间维持海上霸权。西班牙国家内在的缺陷导致其海上霸权的发展后继乏力。被宗教狂热、中央集权和封建权威裹挟的西班牙社会难以利用航海大发现带来的经济机遇改造旧的生产方式，文化及政治的偏狭和僵化无法使其通过海外经济拓殖培育近代资本主义的因子；广袤的帝国版图由一系列零散、不连贯的领土组成，这极大限制了西班牙集成国家资源以及形成政治和文化上的凝聚力的能力；漫长的海陆边疆意味着西班牙要面对太多的敌人，陆上战争牵扯了西班牙发展海上霸权的精力和资源，为了应付法国和德意志新教同盟，西班牙不得不维持一支庞大的陆军。正是在与法国经年累月的陆上鏖战中，其从美洲掠夺而来的财富消耗殆尽。西班牙的海上霸权困境经典地再现了地缘政治的海陆“两线作战难题”。因此，当西班牙面对以资本主义生产方式为基础的荷兰、英国在大西洋发起的挑战的时候，其海上霸权就不可避免地衰落了。

三、荷兰与近代海上霸权的兴起

西班牙海上霸权衰落之后，代之以荷兰海上力量的崛起。荷兰无疑是西班牙霸权的真正掘墓人。1581 年 7 月 26 日，尼德兰北方诸省宣布《断绝法案》，宣布荷兰与西班牙国王菲利普二世及其继承人永久断绝关系，这标志着荷兰作为一个联邦国家基本上形成。西班牙与荷兰的战争随即爆发。1609 年 4 月 9 日，荷兰与西班牙签订了《十二年停战协议》，协议的签署实际上承认了荷兰共和国（正式名称为尼德兰联省共和国）的独立。荷兰独立有赖于海洋贸易和海军力量的发展，海洋战略的成功实施是其独立进程的关键部分。而荷兰的独立则推动其海上霸权进一步发展壮大。在海上霸权的帮助下，荷兰的国家建设成就更加璀璨夺目。荷兰共和国也成为第一个真正意义上的近代海洋强国。一直到英、法等国联合入侵的“灾难之年”——1672 年，荷兰海上霸权才开始出现颓势。

海军、贸易与殖民地是荷兰海洋战略的支柱。依凭强大的舰队、发达的转口贸易，以及对世界海洋重要港口和战略据点的控制，荷兰成为近代资本主义海上霸权发展的典范。有利的地理位置、实力强大的造船业推动荷兰的海外贸易和殖民开拓事业快速发展。在对外贸易方面，荷兰在欧洲滨大西洋的地区转运贸易中发挥关键作用。至 1597 年，荷兰共和国已经控制了葡萄牙殖民地向北欧地区进行转运贸易的枢纽。荷兰海外经济利益拓展的重大创新则在于动员社会力量，采取“公司制”的形式。1594 年，设在阿姆斯特丹的私人公司“长途贸易公司”开始了建立荷兰海外商业帝国的尝试。面对大航海时代激烈的殖民贸易竞争，荷兰国内的有识之人主张将各自独立的公司合并，以避免内部的不当竞争，一致对外。1602 年 3 月 20 日，荷兰议会成立了“荷兰东印度公司”。该公司在最初的21年中拥有从好望角到麦哲伦海峡的贸易垄断权，以及在海外设置法庭和法官、缔结条约与宣战、修筑军事要塞、建设海军、征兵，甚至发行货币等多项重大权利。[①] 荷兰东印度公司算得上是拥有广泛军事、政治权利的“国中之国”，但并非一个由国家垄断的国营企业，而是具有私营性质的有限责任制公司。公司从社会吸收资本，其股份持有者来自荷兰社会的各个阶层。公司重要分部的董事需要出资6000荷兰盾以上，对于公司的盈亏负有责任，但不需要对公司的债务负责。组织创新凝聚了荷兰国家和社会的力量，激发了荷兰资本向外拓殖的活力，为海军和贸易发展搭建了广阔的平台。至1689年，荷兰东印度公司已拥有2.2万名雇员，在世界上首屈一指。[②] 1621年6月3日，荷兰又仿照荷兰东印度公司的模式建立了西印度公司，但将其商业活动置于海军和陆军的管理之下。

随之而来的是荷兰的海外殖民事业进入“黄金发展期”。1595—1605年，荷兰舰队就大举进攻锡兰、葡属印度及印度尼西亚殖民地。1605年，荷兰人占领安汶岛。1614年，在北美建立新尼德兰殖民地。1619年，攻占雅加达，并以此为中心建立了在东方最主要的根据地。1624年，攻占葡属巴西首府巴伊亚，但不久巴伊亚就得而复失，被葡萄牙收回。1630年代又占领了葡属巴西的伯南布哥地区。1624—1625年，侵占中国台湾岛。1641年，攻占东方海上贸易的枢纽——马六甲。1653—1663年，荷兰人又征服了锡兰和印度西海岸的马拉巴尔沿海地区。1652年，染指非洲南端的好望角，在此建立殖民地。1656年，围攻并占领锡兰。1674年，在屡败英国人之后，与英国达成协议，确认了荷兰对于盛产香料的班达群岛贸易的垄断权。至17世纪80年代，荷兰东印度公司在亚洲的贸易达到了顶峰。

---

① 顾卫民：《荷兰海洋帝国史（1581—1800）》，上海社会科学院出版社，2020，第213页。

② 顾卫民：《荷兰海洋帝国史（1581—1800）》，第218页。

荷兰拓殖的成功也离不开其强大的海上力量。荷兰海军在尼德兰革命之中诞生，那些在近海地区与西班牙帝国鏖战的“海上乞丐”为共和国海军确立了传统和典范。尼德兰革命也在一定程度上被视为海上新贵荷兰挑战老牌霸主西班牙海上霸权的战争。1572年，起义军中的25艘战舰攻占了南荷兰省的布里尔。这也被视为荷兰建立正规海军的初始点。在直布罗陀海战、马坦萨斯湾之战和斯拉克之战中，荷兰海上力量屡次建功。1639年的唐斯海战更是直接打垮了西班牙海军主力。独立后的荷兰同样依靠强大的海军维护自己广泛的贸易和殖民利益。尽管荷兰海上力量规模庞大，在舰船总数上居于欧洲首位，但因为滨海地理环境的约束，其舰船的吨位要远小于西班牙和英国的主力舰，其舰船总体作战效能也受到限制。再加上邻近欧洲陆上霸权国家法国，荷兰不得不为应付法国的侵略战争而耗费大量国力。因此，当17世纪中后期面对英国海军“巨舰大炮”和法国路易十四的陆上扩张的挑战时，荷兰已经是力不从心了。

四、英荷战争与荷兰海上霸权的衰落

荷兰的海上霸权在18世纪中期的时候已经衰落。其直接的原因就是来自英法等国的挑战。特别是英国的海权对于荷兰海洋利益造成了严峻的挑战。

在斯图亚特王朝第一位国王统治期间，英国海外拓殖事业的发展和贸易的扩大为英国茁壮成长为全球霸主埋下了种子。正是在荷兰与西班牙紧张厮杀的17世纪前半期，英国向北美和印度洋的殖民扩张取得了巨大进展。随着英国在新英格兰、纽芬兰、百慕大、马德拉斯等地建立一系列定居点，英国海外贸易在国家经济中的地位也变得日益重要。更重要的是，海外经济的发展作为一个重要因素引发了国内经济、社会和政治环境的变化，催生了英国资产阶级革命，并为英国建立海上霸权奠定了坚实的基础。

坚持重商主义思想，发动贸易战是英国挑战荷兰海上霸权的首要举措。1651年由英国议会颁布的《航海条例》规定，所有的海外殖民地都隶属于国会，并且只有英国或其殖民地所拥有、制造的船只可以运装英国殖民地的货物；某些殖民地产品，比如烟草、糖、棉花、靛青等，只准许运输到英国本土或其他英国殖民地；其他国家制造的产品，必须经由英国本土才能运销到殖民地。这些规定明显针对以转运贸易为经济命脉的荷兰。从贸易与国家的关系来说，《航海条例》也标志着“不同于国王的限制主义立法、支持贸易垄断和盘剥商业活动，政府与商业之间大体上形成了一个联盟，前者确保后者的繁荣，反过来从后者获得更多的关税和消费税单，并且获得国会的拨款为其贸易保护政策提供资金”。[①]

《航海条例》侵犯了荷兰利益，引发了英荷战争。英荷之间的海上冲突说到底是贸易战争，双方并非试图颠覆彼此的政权或进行领土入侵。战争的目的局限在制海权的归属以及贸易利益的分配上。在战争中，英国在地理位置、海军装备、战术体制等方面具有优势，而荷兰则在经济规模上远超英国。双方的海上厮杀漫长而惨烈。总的来看，英国在第一次英荷战争中（1652—1654年）占据上风，迫使荷兰接受《航海条例》。此后进行的英西战争（1655—1660年）进一步拓展了英国在加拿大和加勒比海地区的殖民利益。而在查理二世于1660年复辟后，英国再度将荷兰作为主要的打击目标，导致1665年第二次英荷战争爆发。然而此时贸然开战的英国没有做好海上战争的准备，而法国加入荷兰一方对英作战更使英国处境困难。1667年，互有胜负的英荷双方签订《布雷达和约》。第二次英荷战争以平局收场。

① 保罗·肯尼迪：《英国海上主导权的兴衰》，沈志雄译，人民出版社，2014，第52页。

此后，英国国内出现政治分裂，一方主张增加议会权力，亲近荷兰；另一方主张增加王权，实施亲法路线。英国国王坚持与法国结盟，于1672年重启与荷兰的战争。英国在海上屡遭败绩，无法实现自己的战略目的。国内公开反对英法同盟的声音逐渐高涨，迫使查理二世终结了与法国的同盟，于1674年签订了《威斯敏斯特条约》，恢复了战前原状。在三次英荷战争中，英国除了在第一次战争中保持胜势，获得不菲战果之外，其他两次都受到了重大损失。荷兰的海外贸易尽管在战争中受到重创，但总能快速恢复。导致荷兰海上霸权衰落的原因除了与英国的海上冲突，还有1672年之后40年间与法国反复进行的陆上冲突。旷日持久的陆战迫使荷兰不得不建设一支昂贵的陆上力量，这是荷兰的难以承受之重，并最终拖垮了荷兰。然而荷兰的繁荣却依然延续到18世纪中期。直到18世纪下半页，荷兰的工业停滞、海外贸易萎缩、制度活力消散、人民创造力衰退才成为不争的事实。

第二节　第二次英法“百年战争”中的海洋政治战略

1689—1815年英法的百年冲突是欧洲近代历史的一条重要线索。对于海洋政治历史研究而言，其间极富启发性的论题有：英国海上霸权战略的基本特点，这一具有“间接路线”特征的大战略也被称为英国的战争方式；由评估英国战争方式的效能透视海上霸权与陆上霸权的关系，以及海上霸权自身的战略效能；作为英国海上霸权的对立面，法国海上霸权衰落的基本教训，特别是以“两线作战”难题为表征的海陆复合型强国的地缘困境；英国霸权的自由主义特征，及商贸、外交、海军和意识形态在维护英国海上主导地位中的作用。

一、英国海洋战略的“间接路线”与18世纪的英法冲突

1689年，英国加入欧洲大陆上的奥格斯堡同盟（英国加入后改称“大同盟”）并参加大同盟战争，开启了延续至1815年的英法百年冲突。这一时期的英国安全战略的主要目的在于维系欧洲的权力平衡，即反对法国建立欧洲霸权，同时开拓海外殖民地，建立海洋霸权。这两个目的是紧密依存的。如果法国在欧洲称霸，它就将拥有庞大的资源和有利的地理位置来颠覆英国对海洋的控制。对英国来说，通过发展海上霸权来拓展经济与军事资源则是维护欧洲大陆均势的必要前提。为了实现上述目的，英国安全战略举措必须包含以下几个重要成分：第一，构建欧陆反霸同盟，这是缺少陆军力量的英国防范法国争霸的唯一选择；第二，建设强大的海军，如此才能为拓展贸易利益提供保障，并为欧陆的反霸战争提供支援；第三，大力开拓海外殖民地，从而扩大消费市场和原材料供应基地，这是重商主义时代促进经济发展的保证。这一战略的核心可以概括为“间接路线”，即避免与强大的法国陆上霸权进行直接的较量，而是以英国的海上霸权来对抗法国的陆上霸权。具体做法就是以海军控制海洋，进而垄断海洋贸易，继之形成国家财政优势。与此同时，着力和欧陆上与法国有矛盾的国家建立反霸同盟，并以金融力量支持大同盟的反霸战争。在可能的情况下，利用海洋优势实施牵制性的两栖作战，或在有利的条件下，以小规模的陆军参与欧陆的反霸战争。在理想的情况下，法国与海外市场的联系将被完全切断，只能以有限的资源与英国及其同盟国进行战争。反观英国，则将通过发展海外贸易获得强大的战时经济能力，以支撑反霸同盟的战争。最后的结果必然是法国因经济不堪重负，在反复的战争消耗中被英国击败。

1701—1714 年的西班牙王位继承战争是对英国海上霸权真正的考验。法国国王路易十四全方位颠覆欧洲均势、干涉英国内政以及抢夺殖民地的政策激起英国的抗争。英国延续了之前大同盟战争时的战略，再度确保了对海洋的控制，由此而来的巨大财富支持英国构建反法同盟并直接参与地面作战，最终英国通过漫长的消耗战拖垮了法国。根据 1713 年结束西班牙王位继承战争的《乌得勒支和约》，英国获得了哈德逊湾、纽芬兰、直布罗陀和梅诺卡岛。同时，和约也确保法国与西班牙永远不合并，由奥地利控制西属尼德兰，从而维护了欧洲大陆的均势。

贸易、海军与外交、陆权的相互协调，同样真实反映了西班牙王位继承战争之后英国的海洋战略。英国出于维护欧洲均势、海外殖民利益以及英吉利海峡制海权的目的，与西班牙在 1718 年和 1727 年两度发生短暂的冲突；1725—1727 年，英国又与奥地利之间处于不宣而战的状态。与此同时，英国也试图在波罗的海地区制衡瑞典和俄国。随着西班牙和法国海外贸易利益的发展，以及两国立场的接近，英国与法、西的冲突愈演愈烈。1739 年，詹金斯耳朵事件引发了英西战争。然而，如果说 18 世纪 20—30 年代的国际冲突大体可归于商贸和殖民利益之争，那么自 40 年代开启的一系列冲突，则直接反映了欧洲均势与海洋战略的关联。1740 年，围绕奥地利王位继承问题，欧洲陆地列强卷入了一轮新的冲突。冲突关乎抗法支柱奥地利的存亡，因而对欧洲的均势具有重要的影响。英国也再度动员其庞大的国家财富支持奥地利的反法战争。在这场奥地利王位继承战争中，英国在海陆两个战场的表现都不尽如人意，但依然在北美取得了实质性的战略和商业收益。这场战争基本反映了英国的海上优势与法国陆上优势所形成的僵局。

僵局之下只有有限的妥协，双方冲突的诱因却无法消除。英法双方都在估量如何在保存既有优势的基础上弥补自身力量的不足。1756—1763 年的七年战争则完全打破了这种僵局，交战国一方是奥地利、法国、俄国、瑞典及一些日耳曼小诸侯国，另一方是普鲁士和英国。七年战争反映了走向殖民霸权的英国与欧陆霸权野心不死的法国之间的基本矛盾。英国的海军在七年战争中有出色的表现，不仅在1759年的基伯龙湾海战中消灭了法国海军主力，而且成功地控制了地中海，并对法国实施了长时间的近距离封锁。与此同时，英国也在魁北克、西印度群岛和印度取得了胜利。为了将法国困在欧洲大陆，英国不仅向普鲁士提供大量财政支持，而且屡次袭击法国海岸。欧陆战场对法国国力的牵制作用，是英国赢得海外胜利的基础。

七年战争于1763年结束，英国完全控制了北美大陆和印度，占领了梅诺卡岛、塞内加尔、格林纳达、多米尼加等地，在地中海、西非和西印度群岛占有主导地位。但是，1775—1783年的美国独立战争，却让英国的海上霸权遭到了重创。先前战争的有利因素后来也不复存在。英国面对的最大困境是再无欧陆同盟可以牵制法国，法国及其同盟者西班牙可以将其全部力量用于在海外对抗英国。反观英国，却深陷于在北美大陆的战争。七年战争之后英国一度放缓了海军建设步伐，更加导致其难以应付同时在多个战场（北美、英吉利海峡和加勒比海地区）进行的海外战争。因此，英国最后不得不吞下美国独立的苦果。可以说，美国独立战争作为一个关键的反例，证明陆权在英国海洋战略中的重要作用。1803—1815年的拿破仑战争再度印证了这一道理。为了对抗大革命之后的法兰西第一共和国以及法兰西帝国，英国组建和参与了1792—1815年的七次反法同盟。没有英国对欧陆国家巨量的财政和军事援助，奥、俄等国的反霸战争也恐将难以为继。但没有奥地利在瓦格拉姆（1809年），俄国在博罗金诺（1812年），以及西班牙人民的反法起义（1808—1814年），英国的海上霸权优势也将难以维系。

总的来看，英国的海洋战略确实在支持国家安全战略、促成大英帝国崛起方面发挥了重要作用。但海军在实现海洋利益中也有自己的局限性，陆权和外交对于捍卫海洋利益也有重要作用。因为在法国陆权达到顶峰的时刻，仅靠海战以及海上的封锁并不能在短时间内严重地损害法国的经济实力。路易十四的法国只是有限地依赖海外贸易。其战争潜力主要依靠国内产出，通过封锁减少殖民地流向法国的各项资源，远不足以逼迫法国屈膝投降。英国利用制海权进行两栖登陆的尝试也屡遭失败。相比之下，外交和陆战对于摧毁法国更加有效。大同盟战争的胜利就是由于旷日持久的陆上大战大幅消耗了法国的国力。西班牙王位继承战争的一个突出特征也在于海战从属于陆战。英国马尔伯勒公爵和奥地利欧根亲王指挥的陆上大军，在布伦海姆的胜利发挥了远比海上冲突更加重要的作用。打垮路易十四的法国以及拿破仑帝国无论如何离不开奥地利与俄国的陆上大军，甚至也离不开强有力的英国陆军力量。毕竟，真正给予拿破仑以致命一击的是 1815 年的滑铁卢会战，而非 1805 年的特拉法尔加海战。

另外，对于英国在这一时期战略史的考察也表明英国海洋战略在效能上的限度。历次英法冲突告诉我们，海洋大国的贸易体系正如陆上大国的海岸线一样，容易成为对方进攻的对象。法国海军和私掠船总是能给英国的殖民地贸易造成重大伤害。保护航线成为比舰队决战更加复杂，更加常态化的任务。英国与大陆国家就护航与破袭之间进行的较量将在第二次世界大战时达到高潮。拿破仑战争就告诉我们，陆权国也有能力在陆战战场上压制包括俄国、奥匈帝国、普鲁士以及英国在内的反霸战争大同盟。而在第二次工业革命时代，生产技术的发展使得庞大的陆权国的经济发展潜力完全释放出来，英国式的间接路线就更难发挥出关键性的作用。英国建设了强大的陆军力量，并与欧洲陆权联合起来，才成功应对了德意志第二帝国的挑战。

二、法国海洋战略的经验

法国海上霸权兴起于16世纪。借航海大发现和商业革命的东风，法国的对外贸易在16世纪有了较大程度的发展。亨利四世统治时期，法国的殖民版图已得到极大扩张。具体来看，近代法国的海洋战略与两个人的名字联系在一起，即红衣主教黎塞留与路易十四时代海军大臣科尔贝尔。在黎塞留任法国首相时期（1624—1642年），法国海外殖民版图的轮廓、海军建设的根基和海事管理的框架已基本成形。在此基础上，路易十四时期法国的财政大臣科尔贝尔所进行的海军、殖民地及海外贸易改革，引领法国海权建设进入高潮。科尔贝尔的海洋安全战略，甚至是整个法国直到拿破仑战争时期的海上霸权发展都高度依赖中央集权体制的效率。正是出于增强国家财富和君主荣耀的内在需求，科尔贝尔在路易十四的支持下，在一段时间内大权独揽，克服其他政治势力的掣肘，集中力量攻克了那些制约法国海上霸权发展的难题。科尔贝尔通过改革关税体制和实现出口制造业标准化的办法扩大法国的海外贸易；颁布《海事法典》厘清航运、海军和贸易三者的关系；加强对殖民地的控制，将殖民地打造为法国本土的商品销售市场和原材料产地；通过改革指挥体制，加强军官团建设，实现舰船建造标准化等方式推动海军发展。

但法国称霸欧陆野心带来的陆上扩张负担使其无法应付西班牙王位继承战争中严酷的海上冲突。战争之后法国海军建设一度停滞。18世纪40年代，法国海洋战略提出要通过外交和联盟，而非海上力量来保障日益增长的殖民贸易。无论法国曾有过什么样的海洋强国梦想，大陆霸权始终是法国凌驾于海洋视野的核心关切。造成法国缺乏海洋雄心的重要原因之一就是其强烈的反殖民传统，这导致其对开发海外殖民地的战略意义缺乏重视。海外扩张的热情主要是在一批政治家、传教士和海军军官内部传播，扩大海外版图在法国始终缺乏必要的社会基础。在这种情况下，对殖民地的开发必然是不充分的，而这又会导致殖民地经济对于国力国势的贡献相对降低。失去了必要的海外经济刺激，法国的战略视野被欧陆争霸的迷思遮蔽，其海洋战略也是零散、随机和不连贯的。直至 1904 年签订英法协约，法国才在与英国合作应付德国挑战的框架下确立了相对明确的海洋战略，这一战略基本与经济和殖民利益无涉，其核心是将海军整合进大陆防御体系。

在长达 4 个世纪的海上霸权竞逐中，虽然法国海军时常饮恨于大洋，但也总结了很多经验。这包括科尔贝尔对海军建设的有益探索，法国海军在铁甲舰时代进行的技术创新，但最重要的还是对破袭战成效的检验。在 19 世纪新的技术背景下，法国破袭战的经验最终转化成“青年学派”的理论主张。[①] 其基本内容是规避舰队决战，主张运用鱼雷、潜艇等新技术争夺对近海的控制，并打击对方远洋航线。尽管“青年学派”理论的提出依据 19 世纪的技术进步，但其可行性论证则与 17—18 世纪法国海军的经验相关。

马汉的海权理论通常认为，获取制海权的最佳途径是舰队决战，针对商贸的破袭战效果有限。法国 17—18 世纪的海军战略可以说是这一理论的反例。在与英国的海上角逐中，法国海军屡遭败绩。但是，法国海上力量在破袭作战方面却有着不俗的表现，从而证明破袭战在海洋安全战略中的巨大价值。通过鼓励私人劫掠，甚至派出主力舰队，法国在大同盟战争和西班牙王位继承战争中对英国及其同盟国的贸易造成了巨大破坏。法国运用破袭战削弱英国海上贸易的做法极大丰富了海权理论关于海上冲突形式的认识。

① 师小芹：《论海权与中美关系》，军事科学出版社，2012，第 125—134 页。

三、护持霸权：英国治下的和平

如果历史上有任何一个阶段可以说英国已经统治了海洋的话，那么这个阶段就是“最终击败拿破仑之后60余年”。英国的海权“看起来是如此的不可一世而广阔无边”，以至于此时的历史被称为“英国治下的和平”。[①] 英国海洋战略的真正基础在于第一流的工业实力。英国至19世纪中期已经成为世界上唯一真正的工业化国家。工业化大幅强化了英国在贸易、金融和殖民领域的支配地位，使其成为一个新型的现代强国。而这也赋予英国海洋战略以崭新的特征。

这一特征主要表现为构建以自由贸易为核心的全球商业体系。作为世界工厂，英国需要广阔的商品倾销市场。不独与欧洲，英国已经与北美、印度和西印度群岛建立了密切贸易关系，而现在这一广阔的贸易网络已经进一步拓展至拉美、远东及非洲。更加重要的是，英国主张以自由贸易来取代重商主义，即破除商品和资本流通的壁垒，通过开放市场的方式扩大贸易利益。例如，英国于1849年废弃了实行近200年之久的《航海条例》，将海运业向世界开放。与此相关的自由化举措也意味着英国在这一时期不再试图建立庞大的以占有领土为表现形式的殖民帝国，而是注重控制海运的关键节点以掌控世界经济命脉，同时调控地缘政治格局。从形式上说，英国主要控制了众多岛链和沿海定居点，从而占据了世界海洋运输线上的大部分战略港口。它们犹如一条锁链，将世界连为一体，但开启这条锁链的钥匙，却掌握在英国手中。

英国维护海洋霸权战略的另一项举措在于海军建设。拿破仑战争之后，英国先前的海上霸权挑战者都已衰败，维系庞大的海军规模再无必

---

① 保罗·肯尼迪：《英国海上主导权的兴衰》，第162页。

要。然而，这一时期海军技术孕育重大变革，蒸汽铁甲舰逐渐取代风帆战列舰成为海军军备的核心。英国事实上卷入了一场与法、俄等国开展的铁甲舰军备竞赛。虽然英国海军在众多技术发展问题上持有一种保守态度，但英国军事工业依旧保持了世界领先水平，为其在 19 世纪末的海上力量竞争占据优势地位奠定了基础。

在 19 世纪的持久和平时期准备大规模舰队决战并非当务之急。相比之下，英国海军的任务更多地集中在进行殖民战争，打开世界市场并维护贸易体系的开放性和秩序。英国海军致力于进行全球海洋测量，执行海图测绘任务，并以低价向全世界出售，因而可算是向世界提供了一项公共物品；英国海军还担负起反海盗的任务，尽管它通常只是压制而非根除地中海、西印度群岛和南海地区海盗猖獗的现象，但依旧惠及所有其他国家；英国海军还致力于肃清非洲奴隶贸易，以落实打击奴隶贸易的国际条约。对于英国海洋战略更加重要的则是这一时期实施的“炮舰外交”，即在重要海域常态化地部署作战舰队并使用小规模海上力量打击侵犯英国利益的行为，从而有效实现国家的政治和外交目的。

第三节　日本、德国与美国海上霸权崛起对英国霸权的挑战

日本、德国和美国海上力量的增长，商贸和殖民利益的扩大，终结了“大英帝国治下的和平”。海洋政治中的帝国主义史无前例地改变了世界的面貌，也塑造了新老列强之间的关系。席卷殖民地的“炮舰外交”以及新技术条件下的大国海军军备竞赛成为这一时期海洋政治的真实写照。20 世纪初的权力转移既招致世界大战，使德国和日本的帝国迷

思被彻底埋葬，又引发了美英之间的权力和平转移。

一、近代日本的海洋战略

1867 年开端的明治维新开启了日本的近代化，为日本成长为海洋强国奠定了基础。在此前的德川幕府时代（1603—1868 年），海军或海洋事务一直受到各种严格的限制。明治时期，日本开始以“开拓万里波涛，布国威于四方”为基本国策，确立了“海军建设为当今第一急务”的方针。受到对外扩张思想的影响，日本的海洋战略思想也强调通过加强海军建设，实施对外侵略。日本将俄国与中国视为海洋利益的主要“威胁”，将海军视为向中国大陆和朝鲜半岛扩张的主要工具。其海军力量在短时间内快速发展。

然而，对于 19 世纪 70 年代的明治政府来说，陆军以及国内的安全比海军及海上霸权更加重要。海军只在戊辰战争和西南战争中发挥了有限的作用，而强大的陆军则在镇压国内叛乱和起义的过程中发挥着决定性的作用。在 1868 年之后日本的军事和政治体系改革中，海军也长期作为陆军的附属角色而存在，直到 1872 年日本才建立海军省，陆、海军才完全独立。明治初期日本财政拮据和工业落后也极大限制了海军建设。

然而，有两个重要因素促使日本海军在 19 世纪 80 年代进入了扩张期。第一，东北亚国际形势的变化。1882 年和 1884 年，朝鲜国内屡生变乱（壬午兵变和甲申政变），清廷与日本都试图干预朝鲜局势，双方利益冲突迫使日本将清廷当作假想敌，考虑增强海军力量以在冲突中赢得主动。第二，官僚政治的因素。日本海军逐渐被出身萨摩藩的军官把持，政府其他出身萨摩藩的领导人也愿意支持海军发展。上述两个因素导致日本政府批准了 1883 年的海军扩军计划。根据该计划，日本将在 8

年内花费 2600 万日元增加 32 艘战舰。[1] 1886 年，日本政府又发行了 1700 万日元公债，用于建造 54 艘舰船。1888 年，日本提出《第二期扩充军备案》，拟建造大小舰艇 46 艘。[2] 在明治天皇的干预下，日本众议院和贵族院决定从 1893 年到 1899 年，共拨出 1808 万日元的造舰军费。正是凭借 19 世纪 80 年代的迅速扩军，日本具备了在甲午战争中叫板北洋海军的实力，扩军也为日本后来进一步进行海洋扩张打下了基础。

甲午战争之后，日本海军迎来了扩张的机会。海军取得胜利后，获得政客和公众支持，大举扩张。由于日本从《马关条约》获得的巨额赔款以及俄国远东扩张造成的战略压力，日本内阁及国会在 1896 年 1 月通过了高达 2.8 亿日元的海军扩张计划，同意为日本海军增加 13 艘主力舰和 75 艘以上的辅助舰船。1895—1904 年，日本海军共购入 18 艘战列舰或巡洋舰。单就海军力量来说，日本已经成长为一个世界级的海上强国。因此，日本对俄国图谋染指朝鲜的行为采取了强硬立场。两国的侵略利益迎头相撞，终于导致日俄战争的爆发。日本海军在战争中发挥了关键性的作用，正是因为日本海军在对马海战中战胜了从欧洲远道增援的俄罗斯第二太平洋舰队，俄国才失去了翻盘的最后机会，不得已坐到了谈判桌前。在美国的斡旋下，日俄两国于 1905 年 9 月 5 日在朴次茅斯签订了媾和条约。日本获得了俄国在中国东北的各项利益，并且确认了日本对于朝鲜的殖民统治。

尽管通过扩张海军，日本收获了巨大的国家利益。但是，也应该看到，此时的日本尚缺乏完整、连贯的海洋战略。海军在甲午战争和日俄战争中的作用主要是支持陆军向亚洲大陆扩张。明治前期的日本地缘战略构想说到底还是以陆地为枢纽来铺陈的。这一时期的日本海上力量的

---

① 约翰·查尔斯·史乐文：《“兴风作浪”：政治、宣传与日本帝国海军的崛起（1868—1922）》，刘旭东译，人民出版社，2016，第 33 页。

② 外山三郎：《日本海军史》，龚建国、方希和译，解放军出版社，1988，第 26—27 页。

发展终究是有限的。从明治政府成立至1904—1905年的日俄战争，海军在和平时期的年预算只有两次超过了陆军；在1905—1914年，只有一次超过陆军。[①]

日俄战争之后，日本为了巩固自身的战果，并伺机向南洋地区进一步扩张，开始进一步明确自身的海洋战略。此时不独日本，各个强国都奉马汉的学说为圭臬。师从马汉的著名日本海洋战略思想家佐藤铁太郎于1908年完成了著名的《帝国国防史论》。此书被称为“关于日本的形势和海权关系的书中最为广泛和全面的一本”。[②] 在此书中，佐藤铁太郎认为，大陆征服是错误的，日本应利用海权来扩张，并以美国海军的实力作为衡量日本海军实力的标准。在1907年日本制定的《帝国国防方针》中，日本第一次将美国海军作为“假想敌”。日本认为为了有效抗衡美国，日本必须保持相当于美国海军70%的总兵力。为此，日本需要实施“八八舰队”计划，即以8艘战列舰和8艘装甲巡洋舰作为海军作战舰队的主力。1920年，第43届议会通过了完整的“八八舰队”预算案。当第一次世界大战爆发时，日本携一支强大的海军参加协约国一方对德作战，以微小的代价抢占了德国在远东太平洋的殖民利益，大举扩张了殖民版图。

二、德国对英国霸权的挑战

德国传统上是一个典型的陆权大国，其居于欧陆中心的地理位置和1871年统一后庞大的陆地领土遮蔽了其海洋视野。但是，进入19世纪90年代，随着“海军至上主义”的泛滥，国家海外利益的增加，德国

① 约翰·查尔斯·史乐文：《“兴风作浪”：政治、宣传与日本帝国海军的崛起（1868—1922）》，第3页。

② 麻田贞雄：《从马汉到珍珠港：日本海军与美国》，朱任东译，新华出版社，2015，第40页。

海洋战略开始发生重大转向。海军和殖民地问题成为德国海洋战略的两大基本关切。1897 年，德国提出了“世界政策”，很大程度上改变了其作为大陆国家的传统定位，将争夺海外殖民地置于自身利益的核心位置。

然而，尽管德国在殖民地问题上卖力地进行“政治表演”，但政策实施却是摇摆、空洞和杂乱无章的。德国直至一战爆发时都并非一个重要的殖民大国，其殖民利益对于国家的安全和发展来说都是微不足道的。政治动机而非经济利益是德国推进“世界政策”的主因。快速走向工业化和现代化的德国正在经受国内社会分裂的困扰。统治阶级内部（资本家和容克地主），以及统治阶级和被统治阶级之间的矛盾日渐加深，追求海外扩张在一定程度上可以转移内部矛盾，维持国内的团结和凝聚力。而且 19 世纪 80 年代，由于俄法协约的签订和英德关系的恶化，德国的欧洲外交很难打开局面。因此，跳出欧陆，展望世界，成为德国外交的替代选项。正是在内外部政治环境的压力下，1897 年开始实施的“世界政策”成为德国外交战略的新坐标，也赋予了德国海洋战略新内涵。

相比于零散、乏力的海外殖民战略，海上力量建设更有资格被视为德国海洋战略的重心。甚至可以说，“1897 年以后，德国的海军军备建设逐渐被提到一个无与伦比的高度，以至于海军军备的扩张已经不再是国家大战略中的组成部分和实现目标的手段，而是成为大战略本身的目标”。① 1897 年，担任德国海军国务秘书的提尔皮茨提出了指导海军建设的风险理论。这一理论要求德国建成一支足以给英国造成巨大损失，而非完全与英国势均力敌的海军。他认为这样规模的海军足以吓退英国的敌对行动，因此可以为德国扩展海外利益和国家影响力创造条件。为

① 徐弃郁：《脆弱的崛起：大战略与德意志帝国的命运》，新华出版社，2011，第 194 页。

了实现这一目的，德国认为必须利用英国海军全球分散部署、难以集中的外部机会，尽快地建造一支规模巨大的海军，且将之集中部署于英德的近海地带。当然，这一计划的实施也要求必须对海军发展保密，并尽可能在外交上维系与英国的友好关系，避免在海军将强未强之时遭到英国先发制人的攻击。

1898年，德国国会通过了所谓的第一次海军法案，要求德国在1904年4月1日前建成19艘主力舰、8艘装甲巡洋舰、12艘重巡洋舰和30艘轻巡洋舰。这个法案赋予德国以强大的防御能力，但尚不足以使德国挑战英国的海上霸权。但1900年通过的第二次海军法案则并非如此，这个庞大的海军规划极大地增加了英国对于德国的疑惧。根据该法案，德国将拥有38艘主力舰。德国通过两部海军法案，将风险理论付诸实施。而英国则意识到，新兴的德国海军的最终目标已经指向了大英帝国的海上霸权。英国的海军战略必须以对抗德国威胁为前提谋划实施。至此，德国的风险理论已经处于破产的边缘，因为扩军却不引发英国关注的想法被证明完全是一厢情愿的假设。德国海军扩张被英国视为国家安全的主要威胁之一，极大加剧了英国对德国的敌意。两国海洋战略利益矛盾不断上升是一战爆发的重要原因之一。

三、美国海洋政治的“变”与“不变”

19世纪海洋战略史上最重大的事件应该是美国海上霸权的崛起。18世纪的美国人很难想象到他们在一百年之后将拥有世界上首屈一指的大海军。美国独立后，美国人对海上霸权的重要性没有足够的知识，甚至连是否应该发展海军，如何建设海军等问题也无法达成共识。在美国历史上，国际安全形势与国内政治斗争始终是影响美国海洋战略的两个重要因素。前者赋予美国海洋战略以强大的内生动力，但后者往往又对美国海洋战略的制定和实施产生重大的约束作用。建国初期，以汉密尔顿为代表的联邦党主张加强海军建设，认为海军是保护美国自由、独立和利益，扩大美国战略影响力，从内部刺激和整合国家经济的重要工具。[①]但是，来自内陆地区的政治家则反对建立海军。他们认为海军是帝国政策的工具，与美国国家的性质和发展战略不符，而且欧陆列强囿于内部纷争，很难威胁美国的利益，发展海军实无必要。相反，海军的发展却容易加剧欧洲列强的恐惧，遭到先发制人的攻击，而且海军的发展只会使商贸发达的北方受益，难免损害以农业为主的南方地区的利益。

然而，国际安全形势还是有力地拉动了美国海洋战略的实施。美国与欧洲的商贸利益在其建国之后快速扩大。但 18 世纪末，北非地区海盗猖獗，严重威胁美国的贸易航线安全。1794 年，美国政府决定建设海军以肃清海盗。1797 年，美法关系破裂，两国因为英美签订《杰伊条约》而爆发了一场外交危机。美法关系的变化使得美国更加坚定了加强海军建设的决心。1799 年，美国政府正式决定开工建造 6 艘火力强大的装备 74 门火炮的战列舰。

但是，随着杰斐逊总统的上台，海洋战略再度成为国内斗争的牺牲品。以商贸、航运和大海军构成的海上霸权蓝图与其倾向于农业立国的政治理想不相符，杰斐逊对美国海上霸权的发展持消极态度。杰斐逊从美国海军在的黎波里反海盗的作战中获得的经验出发，决定实施一项以炮艇和要点防御为核心的海上战略。这导致美国的海外贸易处于防护真空的窘境。当 1803 年拿破仑战争爆发时，英国肆无忌惮地侵犯美国的中立权利。但美国却无力对抗英国的侵犯，最后不得已采取了贸易禁运的方式来维护自身利益，最后的结果却是贸易和航运利益的更大损失。

因此，1812 年美英战争爆发时，美国完全没有做好战争准备。尽管

---

① 哈罗德·斯普雷特、玛格丽特·斯普雷特：《美国海军的崛起》，王忠奎、曹菁译，上海交通大学出版社，2015，第 18 页。

美国海军获得了不少局部胜利，但难以获取战略优势。相反英国海军却能成功地保护自身的贸易航线，并对美国海岸线进行封锁，甚至能放胆深入美国内陆。1812 年战争表明制海权对于维护美国国家利益的重要性。但是，后来的历史表明，1812 年战争的经验还是被美国决策者误读了。美国依旧没有完成海洋战略观念上的拨乱反正，即没有确立控制海洋的观念，而是继续坚持巡洋舰袭击以及海岸防御的旧观念。战后美国海军建设政策无疑反映了这一点。1816 年美国通过增强海军力量的法案，决定建造 9 艘 74 门炮战列舰、12 艘 44 门炮护卫舰。[①] 而经济危机以及和平时期安全压力的降低，也进一步抑制了美国大海军的建设。从 19 世纪 20 年代至 30 年代末期，美国海军战略的观念中依然没有舰队决战、制海权和攻势封锁的位置。

进入 19 世纪下半叶，美国资本主义海外扩张的动能逐渐释放出来。美国在领土规模、生产及贸易等多个方面进入了扩张期。特别是因为原本反对海军建设的美国南部各州主张向墨西哥和加勒比地区扩张，改变了先前对海军建设的批评态度，美国得以在皮尔斯政府时期开始启动已经被严重推迟的海军建设进程。而且以 1853 年海军部长都宾提出的海军改革法案为标志，美国的海洋战略观念出现了重大改变。都宾在其法案中强调，美国海军实力至少要能保证其掌握美国周边海域的制海权，而非在巡航战、破袭战和海岸防御的框架下缔造美国海洋安全战略。

在南北战争之后，统一的美国开始进入海外贸易和殖民扩张的新阶段。海外扩张首先意味着必须掠取重要的战略据点、原材料产地和市场。美国主要是通过与西班牙的战争获得了一大批重要的海外领土和殖民地。美西战争不仅让美国通过控制和占领古巴和波多黎各巩固了在加勒比海地区的霸权，而且为美国通过占有菲律宾、关岛、萨摩亚以及夏

① 哈罗德·斯普雷特、玛格丽特·斯普雷特：《美国海军的崛起》，第 82 页。

威夷进行太平洋扩张铺就了坦途。随着结束美西战争的《巴黎和约》在美国参议院通过，美国海洋战略另一大成分——商贸扩张——也呈现出新形态。“至此，自 70 年代以来在美国上下纷扰了 30 年的扩张思潮的流向有了一个比较清晰的脉络，那就是：由传统的地域性的大陆扩张转向符合美国的商业利益的海外扩张，由领土兼并建立直接统治转向以海外市场的经济操纵为主的新型商业帝国的统治模式。”[①] 新形态的美国海外贸易扩张的主要方式就是推行“门户开放”政策，以方便其扩大在远东的商贸利益。1899 年 9 月，美国国务卿海约翰发出照会，向在华列强提出，要在中国实行“门户开放”，保证各国贸易机会的均等。美国的“门户开放”政策正式出台。面对欧亚列强在中国掀起的瓜分势力范围狂潮，美国的“门户开放”政策在承认列强在华“势力范围”的基础上，要求各国在彼此的势力范围内享有均等的贸易机会。其背后隐含的图谋是建立以自由贸易为基础的开放式商业帝国，从而取代以领土占有和直接统治为特征的旧的殖民模式。

除了提出“门户开放”政策，美国 1823 年还提出“门罗主义”，这是其霸权战略在美洲地区的体现。“门罗主义”主张只有美国才具有维护美洲地区国际安全和秩序的权利，其他列强不得插手美洲事务。美国事实上是宣布由自己来扮演美洲警察，而为了实施作为警察手中的强制权力，就需要控制关键领土，维系自身在美洲地区的军事优势。为此，美国谋求绝对控制加勒比海，并在 1903 年策动巴拿马脱离哥伦比亚，同时取得对巴拿马运河的永久租让权。

推行“门罗主义”和“门户开放”政策都需要以强大的国家实力为后盾，海军就是国家力量中至关重要的一个方面。从 19 世纪 80 年代开始，美国海军开始改变在南北战争后停滞不前的窘境，迎来了快速发

---

① 王玮、戴超武：《美国外交思想史（1775—2005 年）》，人民出版社，2007，第 192 页。

展的“黄金期”。马汉海权思想的传播则为海军建设提供了明确的指南。1898年的美西战争表明了美国海军建设的初步成效以及马汉海权理论的正确性，为美国海军的进一步发展提供了充沛的动力。在西奥多·罗斯福担任总统期间，美国海军急剧扩张，至1905年已成为仅次于英、法之后的世界第三大海军。1907年，美国组织由16艘战列舰组成的大白舰队进行环球航行，宣告美国成为世界上的主要海军强国之一。

四、应对挑战：英国海洋政治的适应性调整

在海上强国不断涌现，国际安全形势发生变化的情况下，英国持续百年的“光荣孤立”已经难以为继。法俄两大国已于1894年结成同盟，对英国的敌意昭然若揭，英德在殖民地问题上也陷入不断冲突的境地。1898年和1899年，英国不得不作出妥协，与德国划分了在葡属殖民地和萨摩亚的势力范围。但这却鼓励德国继续在殖民地问题上向英国发难。

面对海上力量变迁带来的威胁，英国的海洋战略在两个方面进行了重大调整：第一，在外交方面，放弃“光荣孤立”政策。以德国为主要对手，调整、修补与法、俄、美、日等国的关系。摆脱在东亚、北美、地中海地区沉重的“防御负担”，集中力量在北大西洋地区应对德国的挑战。为此，英国于1902年与日本结盟，共同对付俄国，在委内瑞拉债务、巴拿马运河以及阿拉斯加边界问题上向美国让步。1904—1907年，英国、法国及俄国分别签订协约，形成了英法俄三国协约集团，实现了外交关系的重大变更，为集中力量对付德国创造了有利的国际环境。

第二，恢复并发展海军力量。19世纪80年代的英国皇家海军，在经历了一百年的和平后，其技战术、管理和战略等已变得陈旧、低效。

1884年之后，英国就因为自身海军力量的缺陷而陷入了恐慌。为了扩大相对于法俄海军的规模优势，英国于1894年启动了庞大的造舰计划。英国这种重建海军优势的努力在1904年约翰·费希尔担任海军大臣之后逐渐进入高潮。皇家海军在军官教育、战备水平、全球部署和武器装备等方面实现了快速甚至是革命性的进步。特别是1906年2月10日，英国第一艘“全重型火炮战列舰”（也就是所谓的“无畏舰”）下水，开创了海军史上的新纪元。同时，英国将大部分海军主力舰集中在本土海域，做好了对德战争的准备。

英德海上力量竞争成为第一次世界大战爆发的重要原因之一。欧洲大陆是第一次世界大战的主战场，但各大国海上的角逐也对其各自的命运发挥了重要影响。德国在1916年的日德兰海战中试图挑战英国的制海权，虽然取得了战术上的胜利，但未能在战略上逆转被封锁的颓势。德国冒险发动了“无限制潜艇战”，试图通过使用潜艇力量来破坏英国的海运经济，逼迫英国投降。但这一战略的实施严重违犯了国际法，并损害了美国的利益，招致美国加入协约国阵营，德国的战略颓势更加凸显，并导致其最终的失败。

第一次世界大战之后，英、法、美、日等国瓜分了德国、奥匈帝国及奥斯曼土耳其帝国庞大的海外领土，都在不同程度上扩大了殖民版图。但是，一战的负担以及海军建设的庞大开支也使其不堪重负。各国海洋战略的一项新内容就是通过构建国际制度，划分势力范围，进行军备控制。1921年，美、日、英、法等国召开华盛顿会议，签订《四国条约》以维护其各自在太平洋地区的利益，1922年，美、英、法、意、日签订《五国海军条约》，规定了各自可拥有的主力舰的规模。1927年和1930年，美、日、英等国再度召开日内瓦及伦敦裁军会议。经过不断的协商和妥协，以及其他更大范围内的利益调适，美英两国之间的战略互信不断深化，为海权的和平转移创造了重要条件，却引发了日本的不满。

日本认为，海军军控谈判并不能保证其具有充足的实力应对美国在太平洋的威胁，海军军控谈判成为日本政治中极具争议的话题，并引发了国内政治危机。在1929年资本主义世界经济危机的冲击下，伴随着民主政治的失败，日本走上了军国主义扩张的道路。日本扩张海军，准备对美战争，建立太平洋霸权、攫取海外原料产地和资本倾销市场成为其海洋战略的核心。

日本、德国的野心最终引发了第二次世界大战。二战中的海上角逐具有不同于之前时代的全新形式。航空母舰代替战列舰成为决定海战胜负的决定性力量，以潜艇绞杀对方海运航线的“间接战略”成为决定国家存亡的命运之战，两栖登陆以世界上从未有过的庞大规模和复杂形式上演。而在广岛和长崎上空升起的蘑菇云中，海洋安全战略也进入了一个新的时代。

第四节　第二次世界大战后的世界海洋政治

二战结束后，世界海洋政治环境发生了巨大的变化。与之前的时代相比，海洋政治的制度化和法治化程度得到了极大的提高。正是二战后的海洋法的编纂使海洋法规则成文化和体系化，海洋开发、海权竞争和海洋政治进入了一个新阶段。

但是，和平与合作只是20世纪后半期世界海洋政治可能面对的一种前景。现实主义依然是各国海洋政治实践的底色。随着二战的结束，美国海上力量独步全球。海军建设以及海上力量运用是美国对苏遏制战略、美苏全球争霸的重要组成部分，对于世界格局以及冷战局势有着深远的影响。对于卷入冷战旋涡的众多地区大国而言，海上传统安全依然是很长一段时间内国家战略的重要关切。冷战之后，美国治下的和平并非积极的和平。强制、胁迫、危机以及各种形式的争端也是海洋政治中无可规避的事实。同盟、军事威慑以及战争准备也充斥着国家间海洋政治关系。而且权力转移的过程在印度洋和太平洋地区再度出现，21 世纪的“印太”（Indo-Pacific）地区国家如何协调合作与竞争因素维护安全及利益，成为当今海洋政治的关键问题。

一、美苏的海上“冷战”

1945—1991 年冷战时期，美国始终奉行以遏制苏联“扩张”为核心的全球战略。1945—1949 年，冷战的“铁幕”在东欧骤然落下，苏联被视为美国国家安全的主要威胁。美国对苏联的战争一开始被设想成为核战争。美国海军的任务最初被限定在保卫美英至欧洲大陆之间的交通运输线上。但在朝鲜战争之后，美国对于海军常规兵力在海洋战略及国家军事战略中的地位有了更全面的认识。以战略核潜艇和航空兵参与对苏核战争或进行核威慑，支持艾森豪威尔的“新面貌”战略，在有限的局部冲突中“灵活反应”，成为海洋安全战略的重要内容。

20 世纪 50 年代，美国的海洋安全战略要求海军在欧洲侧翼（北大西洋方向与地中海方向）运用航母进行对陆突击，同时以护航、封锁或直接摧毁潜艇基地等方式应对苏联潜艇的“威胁”，从而控制海洋。在艾森豪威尔执政时期，美国确立了对苏的“新面貌”战略，其核心是以“大规模报复”战略来应对苏联阵营哪怕是局部的挑衅。这种将不确定性强加给对方的威慑战略要求大力发展核武器。该战略过于极端以至于很难契合复杂的国际战略形势，因而美国武装力量需要保留相当的弹性以应对非全面核战争情况的发生。海军全球部署和全球机动的灵活性，以及可遂行多样战略任务的多功能性，依然是美国决策者参与、控制国际局部冲突的重要抓手。到了50年代后期，美国海军努力突破“新面貌”战略对海洋安全政策的限制，寻求采取一种更加灵活的海洋防务政策，既主张充实海军航空兵力打击苏联的陆上区域，又坚持消灭苏联潜艇“威胁”。整个50年代，美国海军航空力量和潜艇兵力都经历了稳步的增长。更加重要的是，海基核力量成为美国对苏核威慑的关键组成部分，美国的海洋战略与核威慑战略被紧密地联系到一起。1957年8月，苏联成功试射了洲际导弹，暴露出全面核战争的设想变得越发不切实际，同时也暴露出空基核力量的脆弱性。以战略导弹核潜艇为平台构建“第二次核打击能力”对于“相互确保摧毁”变得至关紧要，同时也使美国海洋战略与成本更加低廉，但威慑效能更加显著的“有限威慑”融合在一起。

在肯尼迪政府时期，就准备对苏战争而言，航母在日益强大的苏联海防力量面前显得愈发脆弱。以航母为核心的海军航空力量更多成为有限战争工具。其使命更多地表现为在环绕欧亚大陆边缘的滨海地带参与有限战争。航母和核潜艇的功能覆盖了从危机管理到全面战争的广大区间，因此为肯尼迪政府实施灵活反应战略提供了可能性。正是凭借一支兵力结构均衡的海军，美国才能通过展示总体优势以及灵活地进行局部反应来管控古巴导弹危机。而在不断升级的越南战争中，美国海军航空兵力证明了自身在应对复杂安全局势中的价值。[①]

20世纪70年代中期，苏联军力建设取得重大进展。苏联海军在总司令戈尔什科夫的领导下，已建成一支以弹道导弹核潜艇为主的远洋海军。其海军战略发生了重大的变化。事实上，早在20世纪30年代末，斯大林就认识到需要建设一支强大的海军来彰显苏联的大国地位。但至

① 以上冷战后的美国海军建设情况，参见乔治·贝尔：《美国海权百年：1890—1990年的美国海军》，吴征宇译，人民出版社，2014，第317—454页。

卫国战争爆发时，苏联从未建成一艘战列舰，也没有为航母铺下一根龙骨。二战结束后，苏联基于战时经验主张继续进行大海军建设。[①] 赫鲁晓夫当政时期，苏联开始大力发展核潜艇，主张建设一支以潜艇为主要力量的海军。但是，戈尔什科夫于1955年担任苏联海军司令后，反对海军忽视大型水面舰艇的做法，提倡建设一支兵力结构更加平衡的海军。在勃列日涅夫执政时期（1964—1982年），苏联海军的弹道导弹核潜艇建设取得重大进展，其他先进水面战舰也陆续服役。在1973年的第四次中东战争期间，苏联海军在东地中海地区有力地支援了叙利亚和埃及，并成功地限制了美国海军的行动空间，反映出苏联海上力量的急剧增长对美国全球利益的挑战。

到20世纪70年代末，从地中海到大洋洲，从尼加拉瓜到金兰湾，苏联海军已逼近由美国控制的重要海域，甚至是加勒比海和墨西哥湾的美国周边海区。而且经过经年累月的建设，在科拉半岛和巴伦支海上的众多基地和庞大兵力，已经成为难以被攻破的海上壁垒。苏联海军从近海走向远洋的变化，反映了越南战争前后东西军事力量对比的变化。为了应对苏联挑战，进入80年代，美国海军又将其使命“从以北约为中心的、反应式的制海和在第三世界进行的有限军事干涉转移到全面战争情况下的全球攻势”。[②] 1986年，美国海军在海军部长莱曼的倡导下，制定出了美国海上战略。这一战略强调将威慑、前沿防御和战争准备结合起来，既重视美国海上力量建设，也高度重视与盟国的海上合作，保证海军履行从管控危机、威慑直至有限战争和全面战争的各种复杂使命。

当然，核大战的阴云也使美国在军事遏制和战争准备之外，同样注重通过构建规则来规避与苏联的冲突。这突出表现在20世纪70年代的

① 安德鲁·S. 埃里克森、莱尔·J. 戈尔茨坦、卡恩斯·洛德主编《中国走向海洋》，董绍峰、姜代超译，海洋出版社，2015，第210页。

② 乔治·贝尔：《美国海权百年：1890—1990年的美国海军》，第495页。

“缓和”时期。1972年，美国和苏联在莫斯科签订了《关于防止公海水面和上空意外事件的协定》，规范美苏海空军力量在和平时期海上相遇行为，从而规避误判，防止安全危机的发生，为双边军事安全加上了一道保险锁。

二、美国海上霸权的确立与维系

自1992年联合国环境与发展大会通过《21世纪议程》和1994年《联合国海洋法公约》生效以来，世界各海洋国家都在根据本国的具体情况，重新制定或调整本国的发展战略、政策、规则和法律。在1982年《联合国海洋法公约》通过之后，世界掀起海洋开发的热潮。海洋治理、海洋开发、海洋科学研究在很大程度上事关美国海权的软实力，同样也构成了美国海权的实力基础，因此，必然得到美国的高度关注。

2000年8月，美国国会通过《海洋法案》，为21世纪出台新的海洋政策奠定了基础。2004年7月，美国制定了《21世纪海洋蓝图》，详细审视了美国的海洋政策。同年12月，美国总统向国会提交了《海洋行动计划》，以落实《21世纪海洋蓝图》提出的各项建议，并成立了内阁级的海洋政策委员会，以实施《海洋行动计划》。其重点是完善海洋科学与资源管理的各个机构，同时加强渔业管理，提升全球海洋观测水平，推进海洋科研等。2009年，美国又发布了新的国家海洋政策，即《部际海洋政策工作组的报告草案》，要求美国海洋战略的实施扩大公众参与、坚持海洋可持续发展并加强组织管理。2013年，美国海洋政策委员会公布了《国家海洋政策执行计划》，提出了强化海洋安全、发展海洋经济、促进海洋可持续发展等各项具体措施。为此，美国在海洋空间规划、全球海洋环境监测、海洋科学技术研究、海洋生态保护、海洋教育、极地开发等方面进行了富含前瞻性和创新性的规划，极大提升了美国海洋开发和保护的综合收益，为拓展美国的全球海洋利益奠定了坚实的基础。

尽管冷战后世界海洋进入了一个难得的和平发展期，但海上硬实力在维护国家安全及发展利益的过程中依然发挥了关键作用。事实上，随着《联合国海洋法公约》的生效，岛礁领土主权及海域划界争端频繁出现，海军的威慑作用变得更加重要。而且正如所有的海洋大国战略史表明的那样，海军依然在大国崛起以及随之而来的权力转移的过程中扮演关键角色。

美国海军的作战环境和威胁认知都发生了巨大变化。美国海军认为，苏联海上力量的威胁已经不复存在，取而代之的是可能挑战美国利益的滨海地区强国及各种形式的非政府武装。相应地，美国海军的作战环境已经不再局限于广阔的公海大洋，而是延伸到近海及滨海地带，甚至是陆地纵深。美国海上力量的作战理念也必须适应这种变化，由掌握制海权向运用制海权演变，利用海洋进行远程力量投送成为海权的核心要素。1992 年 9 月，美国海军发布《由海向陆——为美国海军进入 21 世纪做准备》战略白皮书，1994 年 10 月又发布了《前沿存在——由海向陆》文件，两份文件通过提出和解释“由海向陆”的概念框定了美国海军的使命和任务。其重点在于由应对大国海上冲突向遏制及管控地区海上冲突转变；由准备实施大规模海战夺取制海权向武装力量跨海投送转变。为此，美国海军需要实施“前沿存在”，进行“前沿部署”和“前沿作战”。

在 21 世纪初，美国海军继续深化和拓展以“由海向陆”和“前沿存在”为核心的海上力量转型。2000 年 5 月，美国海军出台了《2020 年海军远景：未来——由海向陆》，2002 年，美国海军先后公布了《海军转型路线图》和《21 世纪海上力量》发展构想。结合 21 世纪全球化安全形势的变化，美国海军战略刷新了远景目标和力量建设方案，明确提出要赋予海上力量“海上打击”“海上盾牌”和“海上基地”三大新型能力。在2008年金融危机前后，全球化时代一系列安全威胁的集中迸发以及大国权力转移进程加速，继续推动美国海上力量的转型。此时美国面对的海上安全威胁愈益集中在以下两个方面。

第一，针对全球海洋公地的非传统安全威胁，特别是恐怖主义力量在海洋空间的活动威胁全球化的正常运转，美国力主加强海权合作。2007年，美国出台了《21世纪海权合作战略》，要求美国的海洋战略将国家利益和国际社会力量协调起来，在捍卫美国霸权的同时，维护国际和平与安全。美国强调通过人道主义救援行动和加强国际合作的方式来预防冲突。该文件在维护海上安全和秩序的名义下动员国际社会的力量提供海上公共产品，试图以一种更加隐晦和间接的方式来实现护持美国海上霸权的目的。

第二，重要区域新兴大国的挑战。2010年前后，美国海上力量愈发重视新兴地区强国对美国造成的“反介入”和“区域拒止”威胁。在美国看来，海上安全意味着在海洋空间的行动自由。控制战略航道，扩大在关键海域的行动自由度直接影响美国国家实力的可信度。在冷战结束后的第二个十年，随着新型军事技术的扩散以及国际权力的转移，欧亚大陆滨海地带的若干新兴国家在不同程度上具有了限制美国自由利用海洋的战略手段。某些国家通过发展陆基弹道导弹、先进潜艇、陆基作战飞机等先进武器装备，具备了防止美国进入某些关键海域或限制其在特定海陆空间自由行动的能力。应对地区海上强国的“反介入/区域拒止”战略成为美国维护海上安全的重要任务。

随着中国海权的崛起，美国将“反介入/区域拒止”任务锁定在印度洋太平洋范围内防范所谓的中国威胁。事实上，冷战后美国旨在以维护霸权利益的“由海向陆”及“前沿存在”的战略方针与中国海军20世纪80年代提出的“近海防御”的战略方针严重抵牾。从护持霸权的根本目的出发，美国对中国海权的和平发展抱有很深的疑虑。2008 年金融危机后，中国崛起的势头引发美国战略焦虑，两国海权矛盾伴随美国霸权内在危机的爆发渐趋扩大和深化。2010 年 5 月，美国智库战略与预算评估中心发布了名为《空海一体战联合作战概念》的报告，提出美国应以“空海一体战”来应对新兴大国日益增强的“反介入/区域拒止”能力。2015 年初，美国将“空海一体战”概念更名为“全球公域介入与机动联合”概念，试图在一个更加广阔的多维空间内构建联合作战力量，以全面护持在所谓全球公共空间内的行动自由。美国认为，海上力量与海上行动自由需要与其他形式的力量要素以及陆、空、天、电、网多维空间整合起来，应对新兴国家的地缘战略竞争。同年出版的《21 世纪海上力量合作战略》继承了“全球公域介入与机动联合”概念，首次提出“全域介入”，试图保证美国海上力量拥有在陆、海、天、网、电磁等任何领域的行动自由，并将其列为美国海军首要的基本能力。

三、“印太”新兴大国的海洋战略

随着“印太”地区经济的崛起，出现了海权转移的趋势。中国的海洋利益愈发受到地区内重要国家，例如日本和印度海洋战略的影响。

（一）日本的海洋战略

日本冷战时期的海洋战略立足美苏对抗的基本格局，因应于重经济、轻政治的国家战略以及民主转型的国内政治潮流，主张坚决站在西方资本主义阵营，综合运用经济、政治和文化手段拓展自身的海外贸易和海洋安全利益。在整个冷战时期，日本海洋安全战略以日美同盟为支柱，在和平宪法的框架内有限地发展海上力量，支持美国在亚太地区实施遏制战略。这一时期，受宪法第九条和国内和平主义力量的制约，日本总体上以“专守防卫”原则来实施海上安全战略，特别依赖美国对其海上安全提供保护，强调发展经济、科技和文化软实力，积极运用外交、法律、科技等非军事手段拓展海洋利益。1971年，日本设立“海洋开发审议会”以协调日本在大陆架、海底及海洋环境等方面的调查及开发活动。20世纪80年代，日本国家安全战略又发生了重大变化，提出了“综合安全保障战略”，主张在经济崛起的基础上，综合运用政治、经济、外交、军事等手段维护国家安全。海上安全是其“综合安全保障战略”的有机组成部分，为此，日本设置了将海上保安厅、防卫厅包含在内的“海洋开发相关省厅联席会”。日本的海上战略不仅重视两极格局下的国家安全，而且注重拓展与东南亚的贸易和投资关系，并强调保卫海上资源补给线的重要性。日本海上自卫队不仅继续强化与美国的战略合作，配合美军执行封堵苏联海军的任务，而且致力于保卫日本本土至东南亚的海上运输线。基于强劲的科技、经济实力，日本海上自卫队的实力在短期内获得了快速发展，这为冷战结束之后日本海洋安全战略转型奠定了坚实的基础。

冷战之后，两极格局解体，迫使日本调整海洋战略以适应新的安全形势，而且日本的海洋观也孕育重大变化。1996年日本政府设立“海洋日”，变相恢复了明治天皇钦定的“海洋纪念日”。自20世纪90年代后期开始，日本国内学术界和舆论界也纷纷提出“文明的海洋史观”“海洋国家日本”等观点。海洋立国的观念深刻影响国家大战略，其标志就是2007年4月20日，日本国会通过《海洋基本法》。该法以“海洋立国”为基本方针，将利用和开发海洋作为日本民族存续的基础，表示日本的海洋战略应涵盖海洋开发利用、海洋生态环境维护、维护海洋安全、发展海洋产业、海洋综合管理以及国际海洋合作等各个方面。《海洋基本法》还适应《联合国海洋法公约》签订后海洋权益争端层出不穷的情势，特别强调要维护日本海洋权益，重视远海“离岛”在保护日本领海及专属经济区方面的重要作用。日本又于 2008 年、2013 年和 2019 年颁布了三期《海洋基本计划》，确立了四大方针：继续开发海上疆域；加强在海洋事务领域的国际合作；开发利用海洋资源；主动保护海洋。

在维护海洋利益的过程中，日本注重加强海上力量建设，构建安全合作关系。为了拓展贸易及投资利益，日本在 21 世纪初期积极参与东亚地区合作。借由多边地区合作平台，日本发挥其资本和技术优势，积极拓展国际影响力。与此同时，日美同盟关系始终是日本海洋战略的基石。1997 年，日本曾与美国签订了新版《日美防卫合作指针》。为了支持美国在 21 世纪初的反恐战争，日本又大幅修改了国内法对于海外用兵的限制。出于应对朝核危机以及参与东亚大国竞争的目的，美日之间不断提升战略协商和联合演训的制度化程度。在美国重返亚太以及“印太战略”的框架下，日本也通过拓展与澳大利亚、印度等国的安全关系积极参与塑造地区安全形势。

（二）印度的海洋战略

印度的海洋战略在 20 世纪 70 年代之前一直处于蛰伏状态。在 1958 年之前，印度海军系统的最高指挥官并非由印度人担任，英国海军军官在制定印度海洋政策的过程中发挥关键性作用。而且在建国后，印度的工业基础薄弱，有限的经济技术能力难以支撑抱负远大的海洋战略。但是，尽管如此，在刚独立后不久的 1947 年 8 月，印度就出台了《重组和发展皇家印度海军的纲要计划》，强调要积极发展海外贸易，并加强海军建设以拓展国家影响力。1948 年，印度海军又出台了十年发展计划，以沿海防御为目标稳步推进海军建设。至 20 世纪 70 年代，印度在印巴战争的过程中开始深刻地意识到海上力量对于维护国家安全和利益的重要作用，于是下决心提升海军的作战能力和行动范围。第二次中东战争之后，英国从苏伊士运河以东撤出，为印度洋地区留下了广大的

“权力真空”，印度海军借此机会寻求迈向“远洋时代”，并在80年代进入了黄金发展期，海军军费也一度占到国防支出14%的份额。然而，总的来看，在冷战时期，印度海洋战略只是单纯地突出军事防御，难以将海权的外交、军事、经济和政治因素凝聚为一个整体。但值得注意的是，印度注重通过运用国际制度手段来维护其海洋利益，利用其在不结盟运动中的地位向印度洋沿岸国家施压，防止其与域外大国结盟，从而确保印度在印度洋空间中的影响力。20世纪70年代，在印度的影响下，斯里兰卡向联合国正式提出了建立“印度洋和平区”的倡议，其目的是防范美苏两大国的战略影响力向印度洋地区延伸。

20世纪90年代的印度拉奥政府实施的经济改革推动印度的经济从内向型转向外向型，经济开放程度的不断提高为印度的海洋战略提供了内生动力。印度的海洋政治学说开始成形。2009年8月，印度公布了《印度海洋学说》，为海洋战略提供了一个概念性的解释框架。在此基础上，2007年5月，印度首次公布了国家海洋战略文件——《自由利用海洋：印度的海洋军事战略》。2015年10月，印度又发布了新的海洋战略文件——《确保海洋安全：印度的海洋安全战略》，为印度成长为海洋强国提供了战略指南。对比这两份印度海洋战略的纲领性文件，可以发现印度的海洋战略具有以下显著特征：第一，印度政府海洋战略针对的是广阔的“印太”地区，表明印度试图在控制印度洋的基础上，积极向西太平洋地区投送影响力。以“印太”来框定印度海洋战略的空间，也意味着印度试图与美国、日本、澳大利亚等国加强合作，干预亚太地区的国际事务。第二，印度的海洋战略更加注重应对安全问题，既包括应对大国海权转移带来的风险和不确定性，也试图解决恐怖主义、海盗等非传统安全问题。第三，其海洋战略实施不仅重视海军的作用，而且注重发展印度的软实力，要求印度成为印度洋地区“净安全提供者”，塑造印度的良好形象。

第四章

新疆域海洋政治的现状与特点

2017年1月18日，国家主席习近平在瑞士日内瓦万国宫出席“共商共筑人类命运共同体”高级别会议，并发表题为《共同构建人类命运共同体》的主旨演讲。在演讲中，习近平主席指出，“要秉持和平、主权、普惠、共治原则，把深海、极地、外空、互联网等领域打造成各方合作的新疆域，而不是相互博弈的竞技场”。[①] 作为国际合作的新疆域，极地、深海的发展现状与特点自然也关联着世界海洋政治的发展趋势。因此，本章将从极地和深海底两个方面论述新疆域海洋政治的现状与特点。

第一节　极地（南北极）

极地是地球两极——南极和北极的统称。按照地理学划分方法，北极圈（北纬66°34′）以北至北极点的广大区域属北极地区，除了北冰洋

① 《习近平主席在联合国日内瓦总部的演讲（全文）》，新华网，2017年1月19日，http://www.xinhuanet.com//world/2017-01/19/c_1120340081.htm，访问日期：2023年8月18日。

公海以外，北极陆地、岛屿和水域的主权及主权权利分属八个国家——加拿大、美国、俄罗斯、挪威、瑞典、芬兰、冰岛和丹麦。[①] 南极地区是指南纬66°34′以南的所有区域，总面积约1400万平方千米，主要构成部分为南极大陆，大陆周围海域存有大量浮冰、冰山，南极地区至今没有常住居民，仅有各国科学考察人员临时居住。南北极地区蕴藏着丰富的油气、矿产、生物等资源，因此尽管处在地球两极，仍然吸引无数人前往探索。早在15世纪，人类就已开辟北极地区东北航道、西北航道并征服北极点。南极地区同样是各国政治家、探险家们争夺利益的热土。

一、极地海洋政治变迁

自极地被“发现”以来，极地海洋政治发展历经漫长历程。尽管在地理意义上，极地一直处于地球的“边缘”，但在国际政治层面上，极地却逐渐走向世界舞台的“中央”。极地海洋政治的演变长期受大国间关系的影响，与此同时，近年来全球气候变化也为极地海洋政治演进带来新变数。

（一）北极地缘政治演进历程

由于北极大部分地区主权归属较为清晰，因此北极地区的地缘政治变迁以北极国家间的政治关系变化为主要演进线索。

1. 自19世纪，北极地区地缘政治竞争初见端倪

早在19世纪，北极地区地缘政治竞争就已初见端倪。沙皇俄国在

① 因此也被称为北极八国。

克里米亚战争中战败之后，将阿拉斯加地区出售给美国。[①] 这使美国成为真正意义上的北极国家和北冰洋沿岸国，为美国参与北极事务奠定了政治基础。到了20世纪初，资本主义进入垄断阶段，战略地位突出且自然资源丰富的格陵兰岛、斯瓦尔巴群岛等北极岛屿成为各资本主义国家展开利益竞争的关键目标。彼时，为争夺斯瓦尔巴群岛，美国曾提出购岛方案，但该方案最终并未实行；挪威、英国、苏联等国则围绕斯瓦尔巴群岛主权问题进行深入博弈，最终各方达成了《斯瓦尔巴条约》（The Svalbard Treaty，又称《斯匹次卑尔根群岛条约》）。第二次世界大战爆发后，北极地区作为盟军与苏联之间运输战略物资的关键通道受到各方重视。冷战期间，北极地区地缘政治博弈有增无减，北极地区优越的地理位置和北冰洋海面覆盖的坚冰可为战略核武器提供绝佳的隐蔽和攻击场地，因此，北极成为美苏冷战对抗的前沿阵地。在长达一个半世纪的时间里，受大国间关系变化的影响，北极地区地缘政治总体趋向紧张。

2. 20世纪末，北极地区地缘政治局势走向缓和

20世纪80年代末期，北极地区地缘政治紧张局势有所缓和。1987年，为改善苏联同美国的双边关系，缓和冷战态势，促进苏联北极地区经济开发，苏联领导人戈尔巴乔夫发表了著名的“摩尔曼斯克讲话”，提出在北极建立无核区、减少军事活动、和平开发自然资源等六点建议。[②] 这一讲话为未来一段时间内北极地区政治格局奠定了和平基调。此后，历经1990年美苏白令海划界，1991年苏联解体，美俄走向合作，

---

① 1853—1856年，沙俄与英法联军爆发了克里米亚战争，最终以沙俄失败告终，在战后出于抗衡英国、避免阿拉斯加被英国侵占以及缓解财政压力的考量，沙俄以720万美元的价格将阿拉斯加出售给了美国。

② Мурманский календарь: 1 октября. Визит Горбачева-награда Мурманску и перестроечные мечты, 1 октября 2011, https://www.murmansk.kp.ru/daily/25763/2748416.

1996年北极八国联合成立北极理事会，北极地区地缘政治局势趋向缓和。

3. 21世纪，大国竞争再次搅动北极地区地缘政治紧张局势

2007年，俄罗斯在北冰洋海底插旗事件[①]再次将国际社会的目光吸引至北极。与此同时，近年来全球气候变暖加速使得北极资源开发愈加可行，北极航道的重要性更加提升，北极地区战略价值再度升高，北极地缘政治局势迎来新变化。

当前，各方围绕北极利益的斗争主要包括对北极部分地区主权和主权权利的声索以及北极事务主导权的争夺。其中北冰洋沿岸国[②]是主权和主权权利声索的主体。2001年至今，俄罗斯多次向联合国大陆架界限委员会提交大陆架划界申请，申请范围直至北极点；[③] 2007年8月2日，俄罗斯北冰洋勘探小组更是乘坐小型潜艇，将俄罗斯国旗插入北冰洋海底以宣示主权。北冰洋沿岸其他国家也不甘示弱，挪威对巴伦支海、北冰洋、挪威海等多个海底区域提出主权声索；丹麦分别在2009年、2013年和2014年就法罗群岛以北区域、格陵兰岛东北大陆架、格陵兰岛北大陆架提交划界申请；加拿大于2019年提交北冰洋外大陆架部分区域划界申请；美国则计划申请从阿拉斯加以北延展至北极点的600多海里的区域划界。[④] 北极地区掀起新一波“蓝色圈地运动”。

---

① 2007年8月2日，俄罗斯北冰洋勘探小组乘小型潜艇，将装有俄罗斯国旗的容器放到北冰洋海底宣示主权。На дне Северного Ледовитого океана установлен российский флаг, 2 августа 2007, https://www.kommersant.ru/doc/792095.

② 北冰洋沿岸国包括美国、俄罗斯、加拿大、挪威、冰岛、丹麦（丹麦自治领土格陵兰岛位于北极地区）。

③ Альбертян А. П. Континентальный Шельф Российской Федерации Как Механизм Расширения Минерально－Сырьевой Базы Страны. Вестник Московского государственного лингвистического университета. Общественные науки. 2021. №2 (843).

④ 杜德斌、秦大河、马亚华、杨文龙、夏启繁：《冰冻圈地缘政治时代的到来》，《中国科学院院刊》2020年第4期。

（二）南极地缘政治演进历程

与北极地区不同，南极地区的地缘政治历程主要由领土主权争夺向主权声索冻结演进，到如今实现了在国际条约框架下较为稳定的政治格局。

1. 自19世纪初，南极领土主权争夺开启

19世纪初，人类首次“发现”南极洲，围绕南极地区的主权声索随即展开。来自英国、美国等国的探险家争相进入南极地区进行考察，获得了对南极地区地理条件的初步记录。19世纪中叶后，随着资本主义进入垄断阶段，南极领土主权争夺成为各国南极活动的主要目标。截至1943年，包括英国、法国、澳大利亚、新西兰、挪威、阿根廷和智利在内的7个国家对南极地区提出领土主张，但国家间的领土声索区域范围出现重叠，加剧了南极地区地缘政治紧张局势。

2. 二战后，《南极条约》的签订稳定了南极政治格局

二战结束后，在美苏两极格局影响下，南极地区地缘政治出现新变化。英国和阿根廷的利益争夺一度上升到军事层面。1959年12月，美国、苏联、英国、法国、澳大利亚、新西兰等14个国家在华盛顿签署《南极条约》（The Antarctic Treaty），该条约于1961年生效。《南极条约》要求各国的活动必须在和平开发和利用的范畴之内，这使得区域内的争端得以缓和，围绕南极地区领土主权的争夺暂时告一段落。然而，其俱乐部式的准入规则以及秘密的协商机制引发了非协商国，尤其是第三世界国家的不满。

20世纪70年代，南极地区利益争夺的焦点转移到了资源问题上。受石油危机和“滞胀”的影响，西方国家加大了对南极地区资源的考察

力度。南极地区的地缘政治竞争再次加剧：一方面，在《南极条约》内部，领土主权要求国与非领土主权要求国在是否应进行南极资源开发的问题上出现了分歧；另一方面，《南极条约》的非协商国对南极资源的开采权限提出了质疑。为了调和各方在南极地区资源开发上的争端，1991 年，《南极条约》协商国签订了《关于环境保护的南极条约议定书》（Protocol on Environmental Protection to the Antarctic Treaty）。该议定书规定，冻结南极矿产资源、保护南极自然生态，这确立了环境保护在南极开发当中的重要地位。[①]《南极条约》及其相关条约（议定书）的签订为南极地缘政治的稳定态势作出了积极贡献。

3. 全球气候变化为南极地缘政治格局变化带来新变数

随着全球气候变化进程加速，南极资源开发与环境保护问题的重要性日益提升，成为影响南极地缘政治变迁的关键因素。各国在《南极条约》框架下，纷纷制定本国的南极政策，以争取自身权益的最大化。智利在 2000 年颁布的国家南极政策中指出，智利在南极的主要目标是保护和加强智利的南极权益，等等。[②] 英国南极政策始终以谋求英国在南极的领土主权为主线，不断增强英国在南极的实质性存在。[③] 新西兰于 2002 年发布的《南极战略》指出新西兰关注南极和平、无核化和环境保护议题。[④] 德国于 2011 年发布的《德国对白色大陆的责任》中将德国参与南极事务上升至国家战略高度。[⑤] 挪威于 2015 年颁布的《挪威在南极地区的利益和政策白皮书》聚焦于维护自身在南极地区的主权利益。[⑥]

① Protocol on Environmental Protection to the Antarctic Treaty (The Madrid Protocol), https://www.antarctica.gov.au/about-antarctica/law-and-treaty/the-madrid-protocol/.

② 李锐：《智利的国家南极政策》，《全球科技经济瞭望》2000 年第 12 期。

③ 鲍文涵：《英国的南极参与：过程、目标与战略》，《世界经济与政治论坛》2016 年第 2 期。

④ 何柳：《新西兰的南极政策与中新南极合作》，《国际论坛》2015 年第 2 期。

⑤ 陈腾瀚：《德国实施南极战略的路径构建》，《德国研究》2018 年第 4 期。

⑥ 赵宁宁：《挪威南极事务参与：利益关切及政策选择》，《边界与海洋研究》2018 年第 4 期。

澳大利亚于2016年颁布的《澳大利亚南极战略及二十年行动计划》明确澳大利亚在南极的核心利益诉求为领土权益。[1] 阿根廷的南极政策以巩固阿根廷在南极的势力和地位为宗旨。[2] 美国没有正式提出对南极的权利主张，但保留了提出主张的权利，认为南极应用于和平目的，科学调查和其他和平活动人员应当自由进入。[3] 俄罗斯同美国一样都是南极权利主张保留国，主张保护南极环境，开展南极科考，等等。[4] 尽管在《南极条约》签订框架下，各方围绕南极利益的争夺有所缓和，但在全球气候变暖背景下，南极地区展现的潜力也给南极地缘政治发展带来新变化。

全球气候变化给南极地区既带来了机遇，也带来了挑战。一方面，诸多国际行为体在应对气候变化问题上达成共识，同意将保护南极自然生态作为在南极进行活动的基本准则，通过加强国际合作实现对南极环境的保护，促使南极地缘政治局势保持稳定；但另一方面，全球气候变化也使得南极资源的开发更为可行，围绕南极资源的争夺再次为南极地缘政治演进增添新的不稳定因素。

二、极地地缘政治发展特点与趋势

当前全球气候变化给极地地缘政治发展趋势带来新变数。全球气候急剧变化使极地自然环境深受影响。一方面，全球气候变暖在地球两极以放大效果呈现，使南北极海冰减少，地区生态系统发生大幅改变，传

---

① "Australian Antarctic Strategy and 20 Year Action Plan," Australian Government, accessed June 8, 2020, https://www.antarctica.gov.au/site/assets/files/53156/20yearstrategy_final.pdf.

② 刘明：《阿根廷的南极政策探究》，《拉丁美洲研究》2015年第1期。

③ "U.S. Policy for Antarctica," National Science Foundation, accessed June 8, 2020, https://www.nsf.gov/geo/opp/antarct/uspolicy.jsp.

④ 《俄罗斯联邦将投巨资实施南极战略》，《大陆桥视野》2010年第12期。

统南北极野生动物生存空间锐减，迁徙路径受损。但另一方面，地区升温也使“沉睡”多年的丰富矿产、生物资源等被唤醒，航道资源利用的可行性也大幅增加。在全球气候变暖的大背景下，极地地缘政治发展呈现新特点与新趋势。

（一）北极地缘政治发展特点与趋势

尽管北极在冷战时期曾被用作核武器的掩蔽所，但在冷战结束后北极已渐渐沉寂，然而自2007年俄罗斯于北冰洋海底插旗事件起，北极又再度闯入世界视野。全球气候变化使北极资源与航运价值日益凸显，也使更多国际行为体对北极产生兴趣，触发北极地缘格局大变动。

1. 北极开发“竞争化”

在北极战略利益逐步显现的过程中，北极国家一马当先，积极维护自身北极利益最大化。作为北极地区最大国家的俄罗斯，通过不断更新自身北极战略规划来巩固其在北极地区的重要地位。自2008年起，俄罗斯先后出台多部关于俄属北极地区发展的国家综合规划，通过接连发布优惠措施刺激俄属北极地区资源开采，发展北极航运以拉动本国经济复苏，致力于将俄属北极地区打造成为俄罗斯现代化的经济强域；加拿大是北极地区领土面积第二大的国家，更为重视北方及北极地区原住民的生存发展问题；相较于俄罗斯和加拿大，美国曾被视为北极事务“不情愿的参与者”或北极地区“弱势”一方。然而随着北极政治格局演进，奥巴马政府、特朗普政府、拜登政府先后调整美国北极战略，明确了美国在北极地区的核心利益为保障美国战略安全、保证资源与商业的自由流通、加强科学研究，并致力于增强北极军事能力；北欧国家挪威、丹麦、瑞典和芬兰同属北极国家，在北极政策上聚焦于国内北极地区社会经济的可持续发展、加紧油气开发进程、最大限度攫取北极开发红利。北极国家在北极地区上演开发“竞赛”。

2014年，乌克兰危机后美俄关系恶化，北极国家间竞争态势加剧。美国联合西方盟友与俄罗斯成为两个阵营，在北极开发问题上同样“针锋相对”。此外，丹麦、加拿大与俄罗斯围绕大陆架划界问题仍存争议，俄罗斯对北方航道的管辖权遭到美国等追求“航行自由”国家的抗议。与此同时，北极地区气候、海冰变化的全球影响以及北极公海的存在推动北极域外国家逐步参与到北极开发与治理之中，以英、法、德为首的欧洲国家，以及以中、日、韩为首的亚洲国家相继颁布各自北极政策，试图或以科研，或以资金，或以技术为手段参与北极开发、治理。然而，国家实力发展不一，国际局势风云变幻，部分域外国家整体实力的增强引发北极国家的警惕，双方围绕北极开发话语权的争夺将逐渐激烈，部分域外国家的合理参与路径遭到北极国家的遏制与非理性竞争。北极国家间、北极国家与域外国家间以及域外国家间围绕北极开发红利的争夺日趋激烈。

2. 北极局势“再安全化”

北极开发的竞争化态势逐渐上升到安全化层面。各国为维护各自的北极利益而加强在北极地区的军事存在，其中，以美国为首的北约国家与俄罗斯在北极地区的对峙态势最为突出。美国、挪威等指责俄罗斯加强北极军事建设，对北极安全构成威胁，俄罗斯反驳称其军事建设为防御性质，双方由“唇枪舌剑”逐步诉诸实际行动。俄罗斯加大对北极军事建设的投入，提升北方舰队至军区地位，恢复并重建诸多北极地区军事基地，增加北极地区军演的规模与频率以及研发适合北极条件的新武器装备，指出已做好应对北极地区小规模冲突的准备。美国重建第二舰队（负责北极地区防务），海岸警卫队、国防部、国土安全部自2019年起先后发布北极战略，重新定义北极安全局势，表示要重视北极日益加剧的军事紧张态势，增加建设舰艇、飞机和通信网络的投资，在北极地区举行大规模联合军事演习并频繁派遣舰队前往巴伦支海开展“航行自由”活动，培养在北极的作战能力，以应对来自俄罗斯的“威胁”。挪威在美国带领下重启冷战时期潜艇基地，增加在俄挪边境的军事存在。同时，双方军事对峙活动增多，相互战略飞行常态化。自 2018 年起，美国带领其北约盟友频繁出入北极水域，彰显在北极水域的作战能力，搅动北极地区安全局势。冷战结束后一度归于平静的北极再次因大国竞争而弥漫紧张情绪。

3. 北极合作范围“国际化”

全球政治局势剧变之下，北极正突破原有合作路径，走向更广阔的国际合作道路。广袤的北极地区包括公海和国际海底区域，是众多国际行为体的利益之疆。北极的一举一动也牵动着除北极国家以外其他国际行为体的发展。北极自然环境敏感而脆弱，气候环境的加速变化所带来的负面影响逐渐成为全人类社会的共同威胁，北极国际合作普遍得到加强。在治理机制上成立了诸如北极理事会（Arctic Council）、巴伦支海欧洲-北极圈理事会（Barents Euro-Arctic Council）等政府间组织，致力于吸纳更多北极利益攸关方，构建官方沟通合作机制。其中，北极理事会于 1996 年成立，在搭建沟通交流平台、研究共同关切等问题上发挥了积极作用。北极理事会设有八个成员国与观察员席位，随着北极议题逐渐成为国际关切，以及越来越多观察员的加入，北极合作“国际化”趋势显著，北极海洋环境保护、可持续发展等事关全人类福祉的议题得到更多重视。

值得注意的是，在全球气候变化的背景下，北极地缘政治竞争具有全球性的影响，越来越多的北极域外国家也广泛参与到北极事务之中。更多北极利益攸关方在北极事务参与上的深入，将促进北极合作走向多样化、开放化和国际化，各利益攸关方在共同议题上的交流将缓解紧张局势，在大国竞争加剧北极安全化态势的背景下发挥“黏合剂”的作用，有利于稳定北极地区局势，降低爆发冲突事件的可能性。域外国家中英国、法国、德国、日本、韩国等国均已出台北极政策，明晰自身北极利益，积极开展同北极国家的合作，并努力通过现有的北极治理框架参与北极治理。同样作为北极域外国家的中国，2018 年发布《中国的北极政策》白皮书，明确指出，“中国是北极事务的重要利益攸关方。中国在地缘上是‘近北极国家’，是陆上最接近北极圈的国家之一。北极的自然状况及其变化对中国的气候系统和生态环境有着直接的影响，进而关系到中国在农业、林业、渔业、海洋等领域的经济利益”。[①] 白皮书向各方介绍了中国参与北极事务的基本立场和政策主张，对于指导中国相关部门和机构开展北极活动和北极合作，推动有关各方更好参与北极治理，以及与国际社会一道共同维护和促进北极的和平、稳定和可持续发展有着重要的推动作用。[②]

（二）南极地缘政治发展特点与趋势

与北极大部分地区处于主权国家管辖之下不同，南极地区地缘政治局势在《南极条约》体系下整体上较为稳定。当然，受到国际变局的影响，各行为体在《南极条约》体系之下的利益争夺同样激烈。

1.《南极条约》体系“稳定化”

1959 年缔结的《南极条约》冻结了各国的领土主张，提出非军事

① 《国务院新闻办公室发表〈中国的北极政策〉白皮书》，新华网，2018 年 1 月 26 日，http://www.xinhuanet.com/politics/2018-01/26/c_1122320087.htm，访问日期：2023 年 8 月 18 日。

② 李振福：《〈中国的北极政策〉白皮书：有明确国际法依据和现实基础》，《中国远洋海运》2018 年第 2 期。

化和无核化，促进科学考察的国际合作，为南极局势免受国际局势影响作出巨大贡献，确保其发展至今六十余年仍然是南极治理的基石。虽然中外媒体上时而出现对《南极条约》到期或走向崩溃的设想，但时至今日，《南极条约》和南极条约协商国签订的有关保护南极的公约以及历次协商国会议通过的各项建议措施构成的《南极条约》体系，始终发挥着稳定南极局势的领导作用，并且在不断发展和完善中。2019 年《南极条约》缔结六十周年之际，在捷克共和国首都布拉格召开了第 42 届《南极条约》协商会议，通过了《关于〈南极条约〉六十周年的布拉格宣言》(简称《布拉格宣言》)。《布拉格宣言》重申《南极条约》体系对有效和持续的南极国际治理的主要效能，强调《南极条约》的适用对促进南极地区的和平与国际合作起到重要作用，还特别强调《南极条约》第四条对确保南极地区持续国际和谐贡献的重要性。[①] 可见，《南极条约》体系的作用是受到各行为体推崇的，在各方认定下，《南极条约》体系的发展将继续确保南极地缘政治发展的稳定性。

2.《南极条约》体系下权力结构“倾斜化”

《南极条约》的缔结确立了南极地区的国际秩序，不过，《南极条约》设立的共有性质决定了各种行为体开展活动的竞争性和非排他性。[②]《南极条约》体系下各缔约国身份不同，导致它们在南极事务决策中的话语权分量不同。根据《南极条约》的规定，在南极开展实质性活动的缔约国组成《南极条约》协商会议（ATCM)。作为南极事务的决策机构，协商会议采取协商一致原则的表决机制。《南极条约》共有 29 个协商国，这 29 国中又包含 12 个原始缔约国和 17 个新入协商国。12 个原

① 郭红岩：《“南北极国际治理的新发展”专论——南极治理的新发展：〈布拉格宣言〉的意义》,《中国海洋大学学报（社会科学版）》2019 年第 6 期。

② 刘惠荣：《海洋战略新疆域的法治思考》,《亚太安全与海洋研究》2018 年第 4 期。

始缔约国掌控主要话语权，其中，澳大利亚等7个领土声索国和美俄等9国构成了《南极条约》体系中的“核心权力集团”（hegemonic bloc），决定了体系内部的政策制定和制度发展，而新入协商国更像是《南极条约》体系的“政治观察员”（political observer）。[①] 然而，随着部分缔约国国家实力的崛起，在《南极条约》体系稳定化的背景下，权力结构将发生变化。部分新入协商国整体实力增强，可在南极事务上投入更多人力、物力和财力，未来有望赶超原始缔约国的投资。在这一背景下，原始缔约国的主导权将受到削弱，新入协商国及其他国际组织、非政府组织的重要性将得到提升，《南极条约》体系下权力结构开始“倾斜”。

3.《南极条约》体系局限性“现代化”

尽管以《南极条约》体系为基础的南极地缘政治发展呈相对稳定状态，但不可否认，《南极条约》体系存在着一定的局限性，[②] 导致以其为基础的南极地缘政治发展也面临越来越多的潜在挑战。特别是随着科学技术的飞速发展和环境的变化，《南极条约》的局限性日渐“现代化”。

其一，全球环境变化和新技术的发展使得南极环境保护受到潜在资源争夺的威胁。1991年通过的《关于环境保护的南极条约议定书》第七条规定，禁止进行科学研究之外的有关矿产资源的活动，但是该条规定并没有明确期限。而且该议定书在第二十五条规定，议定书生效五十年后，如果任一协商国提出书面请求，应立即召开会议来审查议定书的执行情况。如今，距离议定书生效五十年只剩二十余年，这期间国际权

① 赵宁宁：《对当前澳大利亚南极政策的战略解析及其借鉴》，《华东理工大学学报（社会科学版）》2017年第6期。

② 这些局限性包括“冻结主权”含义不清、条约对资源开发利用的规制条款语义含糊、责任机制尚未达成共识、《南极条约》缔约国之间权利不平等、《南极条约》与《联合国海洋法公约》等其他国际法体系的关系不明确等，参见刘惠荣：《“南北极国际治理的新发展”专论——南极治理中的“人类命运共同体”意蕴》，《中国海洋大学学报（社会科学版）》2019年第6期。

力格局重塑，科技发展日新月异。假设二十年后南极矿产开发技术足够先进，对生态环境的负面影响足够低，那么在某一协商国提出请求后，是否有审议在南极进行矿产开发的可能？这是否会影响《关于环境保护的南极条约议定书》乃至南极条约体系的整体维护？南极条约体系维护的隐患又是否会影响南极地缘政治发展的稳定形势？

其二，现代科技的发展使得南极非军事化目标也开始受到潜在挑战。[①] 特别是现代军事科学技术的发展使南极科学考察的功能性得到显著提高，军用可能性激增，在此背景下，未来南极非军事化的政治体系也将面临巨大冲击，进而威胁南极整体地缘政治局势。

在全球气候变化背景下，极地并非与世隔绝的世界净土，反而受国际变局的影响而逐渐走上国家间利益竞争的舞台中央。无论是南极还是北极，都在愈演愈烈的地缘政治竞争中不断被裹挟，由国际合作的场所变成利益争夺的竞技场。

三、气候变化背景下的极地治理

治理是一个多层次和多维度的概念，它汇集了法律规制、行为实践、治理机构和治理目标等要素。同时，治理是一个动态的概念，深受环境影响。因此，目前国内外学术界并未就“极地治理”概念达成共识。不过，可将“极地治理”概念嵌入“全球治理”概念进行理解。全球治理是超越民族国家及民族国家组成的地区一体化机制，是以诸如联合国等全球性公共产品（Global Public Goods）为平台，以国际规则、规范和制度为基础解决或者克服全球挑战、问题和危机的集体行动或者

---

① 阮建平：《南极政治的进程、挑战与中国的参与战略——从地缘政治博弈到全球治理》，《太平洋学报》2016 年第 12 期。

国际合作过程。[①] 由此可以发现，“极地治理”概念与“全球治理”概念具备同根同源的性质。全球挑战、问题与危机并非只存在于全球层面，而是落脚到每个具体的领域、范畴和地区。聚焦到“极地治理”概念，极地同样存在挑战、问题与危机，自然也需要超越民族国家及民族国家组成的地区一体化机制，以国际规则、规范和制度为基础解决或者克服挑战、问题和危机的集体行动或者国际合作过程。在解决全球问题的过程中，全球治理具有和平、政治、规范、多边、协商的性质。当然，北极治理也应具有和平、政治、规范、多边、协商的性质。因此，从“全球治理”概念出发，“极地治理”概念可以被理解为超越北极民族国家，以北极地区一体化机制为平台，以国际规则、规范和制度为基础解决或者克服北极挑战、问题和危机的集体行动或者国际合作过程。

（一）现有极地治理格局与极地治理模式探索

在全球气候变化加剧的背景下，作为开展国际合作的新疆域，极地治理越来越成为国际社会的关注热点。然而，鉴于南北极的自然环境差异、社会发展条件差异以及主权归属差异，南北极地区的治理模式存在不同。受气候变化加剧的影响，海冰消融不断改变着北冰洋和周边国家领土的形态，北极利益攸关方之间在政治、经济、军事和科学等领域的争端进一步增多，导致北极治理的复杂程度远高于已冻结领土主权声索的南极。

1. 北极治理格局与治理模式探索

尽管北极事务的话语权仍为北极八国所掌握，但当前的北极治理在

① 庞中英：《动荡中的全球治理体系：机遇与挑战》，《当代世界》2019年第4期。

主体上仍存在着从北极域内国家扩展至域外国家与非国家行为体的趋势。[①] 主权国家、非政府组织、跨国企业、全球性政府间国际组织等行为体均不同程度地参与到北极事务之中。虽然并未形成统一的、集中式的治理机制，但国际社会在多年的实践中已经形成了一套多层次、多主体的北极治理格局，[②] 具体情况如下。

其一，全球治理。首先，就参与主体而言，联合国开发计划署（UNDP）、国际海事组织（IMO）等全球性政府间国际组织在北极治理中发挥了关键作用。其次，就国际法层面而言，北极作为全球治理议题中的重要组成部分，国际法基本原则必然适用于北极地区事务，[③] 如主权平等、和平解决争端等原则便可适用于俄罗斯、挪威等环北极国家解决北极领土争端、资源开发等国际争议。再次，就全球性制度而言，《联合国宪章》（1945 年）、《联合国海洋法公约》（1982 年）、《生物多样性公约》（1992 年）等国际法和《斯匹次卑尔根群岛条约》（1920 年）在北极治理中发挥重要作用。如《联合国海洋法公约》第二百三十四条就是专门为“冰封区域”[④] 的海洋保护和保全量身定制的条款，鉴于“冰封区域”的定义在北冰洋海域的适用性，第二百三十四条也被称为“北极例外”条款。最后，《京都议定书》《联合国土著人民权利宣言》等全球性公约或宣言的规定亦适用于北极地区的气候治理等议题。

---

① 孙凯、武珺欢：《北极治理新态势与中国的深度参与战略》，《国际展望》2015 年第 6 期。

② “北极地区目前并不存在纵向的、层级化和集中式的单一管理机制，权力横向地分散于众多国家与非国家行为体，并由各行为体就彼此关切的特定议题进行协作和管理。”参见杨剑等：《北极治理新论》，时事出版社，2014，第 112 页；孙凯：《机制变迁、多层治理与北极治理的未来》，《外交评论（外交学院学报）》2017 年第 3 期。

③ 王传兴：《北极治理：主体、机制和领域》，《同济大学学报（社会科学版）》2014 年第 2 期。

④ 参见《联合国海洋法公约》第二百三十四条：沿海国有权制定和执行非歧视性的法律和规章，以防止、减少和控制船只在专属经济区范围内冰封区域对海洋的污染，这种区域内的特别严寒气候和一年中大部分时候冰封的情形对航行造成障碍或特别危险，而且海洋环境污染可能对生态平衡造成重大的损害或无可挽救的扰乱。这种法律和规章应适当顾及航行和以现有最可靠的科学证据为基础对海洋环境的保护和保全，https://www.un.org/zh/documents/treaty/UNCLOS-1982#5。

其二，区域-次区域治理。随着国际社会认知的发展，北极逐渐成为区域-次区域治理的典型案例，北极理事会在这一进程中发挥了关键性作用。作为北极地区高水平政府间论坛，北极理事会为俄罗斯等北极八国、中国等北极域外国家、联合国开发计划署等国际政府组织以及萨米理事会等非政府组织提供了为北极地区可持续发展作出贡献的平台。[①]在决策主体方面，北极八国作为北极理事会永久成员方，采取全体一致的表决方式行使表决权。[②] 但是，相较于成员国与永久参与方，北极理事会观察员国所享受的权利较为有限，观察员国在北极理事会中并不享有表决权。[③] 北极治理当前呈现出“门罗主义”的特征，[④] 北极国家在主导北极治理的过程中推崇“北极是北极国家的北极”的理念。与此同时，北极理事会所作决议并不具有强制性，且该机构并不关注军事领域相关议题，主要致力于解决环境、科学等低政治领域的议题。此外，国际北极科学委员会、北极经济理事会[⑤]等为推动北极地区科学考察、地区安全与商业发展方面的国际合作也作出了重要贡献。就次区域层面而言，巴伦支海欧洲-北极圈理事会等制度安排也在北极地区治理中发挥了显著作用。

其三，双边治理。主权国家间的双边协定也为北极治理奠定了重要制度基础。例如，挪威与俄罗斯在 2010 年所签订的《俄罗斯联邦与挪

---

① “Declaration on the Establishment of the Arctic Council,” Arctic Council, accessed June 14, 2022, https://oaarchive.arctic-council.org/handle/11374/85.

② Timo Koivurova, “Environmental Protection in the Arctic and Antarctic: Can the Polar Regimes Learn From Each Other?” *International Journal of Legal Information*, no. 2 (Feb. 2019): 204–218.

③ 《中国、印度等 6 国成为北极理事会正式观察员国》，新华社，2013 年 5 月 16 日，http://www.gov.cn/jrzg/2013-05/16/content_2403698.htm，访问日期：2023 年 8 月 18 日。

④ 潘敏、徐理灵：《超越“门罗主义”：北极科学部长级会议与北极治理机制革新》，《太平洋学报》2021 年第 1 期。

⑤ 《北极经济理事会概况》，中国商务部网，http://www.mofcom.gov.cn/article/i/dxfw/jlyd/202008/20200802989975.shtml，访问日期：2023 年 8 月 18 日。

威王国关于在巴伦支海和北冰洋的海域划界与合作条约》[1] 不仅成功解决了挪威与俄罗斯之间在巴伦支海的油气开发难题，还为北极地区的油气资源合作开发活动提供了重要参考。[2]

此外，跨国企业、原住民团体、环境非政府组织等非国家行为体在北极治理进程中同样发挥了重要作用。跨国企业为北极地区的油气开发、航运发展提供了技术、资金等相应支持。[3] 原住民团体——因纽特环北极理事会推动北极理事会将可持续发展理念作为其发展的宗旨。[4] 环境非政府组织如绿色和平组织等，同样在北极国家的绿色发展模式上施加了广泛的影响力。[5]

综上所述，北极业已形成多层次、多主体的治理格局，当然北极治理的“条块化”和“碎片化”特征仍然较为明显。面对外部复杂的国际形势变化，为实现北极地区的可持续发展，国际社会也在不断提出新的北极治理方案。目前北极治理的发展模式主要表现为向“领域化”治理方向迈进，[6] 例如，《极地水域船舶航行安全规则》（2014 年，简称《极地规则》）和《预防中北冰洋不管制公海渔业协定》（2018 年）的通过即是北极航运和北极渔业两大领域内国际规则制定的重要突破，为北极事务利益攸关方的国际合作和北极治理的有效开展作出积极贡献。

---

① 《俄罗斯联邦与挪威王国关于在巴伦支海和北冰洋的海域划界与合作条约》，中国社会科学院俄罗斯东欧中亚研究所网，http://euroasia.cssn.cn/kycg/elswj/201905/t20190510_4878358.shtml。

② 匡增军、欧开飞：《俄罗斯与挪威的海上共同开发案评析》，《边界与海洋研究》2016 年第 1 期。

③ 杨剑等：《北极治理新论》，时事出版社，2014，第 347 页。

④ 闫鑫淇、赵宁宁：《批判地缘政治学视角下原住民组织对北极事务的参与和影响——以因纽特环北极理事会为例》，《世界地理研究》2021 年第 1 期。

⑤ 王彦志：《非政府组织参与全球环境治理——一个国际法学与国际关系理论的跨学科视角》，《当代法学》2012 年第 1 期。

⑥ 郭培清、卢瑶：《北极治理模式的国际探讨及北极治理实践的新发展》，《国际观察》2015 年第 5 期。

2. 南极地区治理格局与治理模式探索

南极地区以《南极条约》（1959 年于华盛顿签署，1961 年生效）为核心和基础，形成了包括《南极动植物保护议定措施》（1964 年签订，1982 年生效）、《南极海豹保护公约》（1972 年于伦敦签订）、《南极海洋生物资源养护公约》（1980 年于堪培拉签订）、《南极矿物资源活动管理公约》（1988 年于惠灵顿签订，未生效）和《关于环境保护的南极条约议定书》（1991 年于马德里签订）等相关协议，以及《南极条约》历次缔约国会议通过的建议在内的南极条约体系，是协调南极地区的国际关系、规范南极地区治理的最重要的制度安排，[①] 因而也形成了以南极条约体系为核心的治理格局。该体系确立了主权冻结、非军事化以及科学研究自由等原则，形成了较为系统的“南极模式”。

首先，“南极模式”决策机制。根据《南极条约》第九条，逐步确立南极条约协商会议为解决南极地区问题的主要场所，以“交换情报、共同协商有关南极的共同利益问题，并阐述、考虑以及向本国政府建议旨在促进本条约的原则和宗旨的措施”，[②] 最终形成具有法律效力的建议、措施等文件。在南极条约协商会议中，南极条约协商国、非协商国、南极研究科学委员会（SCAR）、南极海洋生物资源养护委员会（CCAMLR）和国家南极项目管理人员理事会（COMNAP）等观察员以及特别邀请的专家都可参与讨论，但只有成为南极条约协商国成员才能拥有最终的集体决策权。在南极条约体系框架下，领土主权声索被冻结，南极生态环境保护等低政治领域议题成为地区治理的重点。

其次，“南极模式”基本原则。依据《南极条约》的规定，“南极模式”确立了“和平目的”“科学交流”“生物资源保护”等原则。其

---

① 陈力：《南极治理机制的挑战与变革》，《国际观察》2014 年第 2 期。

② 参见《南极条约》第九条，https://www.ats.aq/e/antarctictreaty.html。

中，“和平目的”原则最为根本。《南极条约》第一条明确指出：“南极应只用于和平目的。”[①] 在“和平目的”基础上，《南极条约》致力于为南极地区的非军事化作出贡献，提出“一切具有军事性质的措施，例如建立军事基地，建筑要塞，进行军事演习以及任何类型武器的试验等等，均予禁止”。[②] 此外，为了避免各方因领土争夺爆发争端，《南极条约》第四条明确，“在本条约有效期间所发生的一切行为或活动，不得构成主张、支持或否定对南极的领土主权要求的基础，也不得创立在南极的任何主权权利”，以此变相冻结各方的主权声索。

“南极模式”究其本质是各方力量博弈并妥协的结果。尽管这一治理模式在一定程度上暂缓了南极地区的领土与主权争端，并为北极治理提供了借鉴方案，然而，该治理模式的局限性或将导致国际社会围绕南极再次展开新的竞赛。[③] 当然，尽管“南极模式”面临着多方面的挑战，但六十多年的发展实践证明，“南极模式”仍然是目前解决南极问题的最优选择。[④]

综上所述，南北两极的治理模式表现出不同的发展形态，南极地区逐渐形成了较为系统和成熟的“南极模式”；北极地区虽未发展出全局性的治理模式，但北极治理的探索却始终在进行当中，并表现出“领域化”的发展趋势。

（二）极地治理存在的障碍

极地环境的复杂性和特殊性决定了极地问题的跨区域乃至全球性的

① 参见《南极条约》第一条，https://www.ats.aq/e/antarctictreaty.html。

② 参见《南极条约》第一条，https://www.ats.aq/e/antarctictreaty.html。

③ 刘惠荣、郭红岩、密晨曦、潘敏、潘婷：《“南北极国际治理的新发展”专论》，《中国海洋大学学报（社会科学版）》2019年第6期。

④ 郭培清、石伟华：《〈南极条约〉50周年：挑战与未来走向》，《中国海洋大学学报（社会科学版）》2010年第1期。

特点，过分强调权利和安全的传统地缘对抗无法妥善解决日益增多的极地问题，时代呼唤相关国家就极地治理问题进行协作，从冷战至今，各国就非传统安全问题达成了诸多合作。虽然国际社会已经开展国际合作，极地治理仍然面临着各种新挑战。

1. 北极治理存在的障碍

当前北极治理面临的主要挑战来自北极大国间利益斗争加剧带来的传导效应，这导致北极治理环境趋向复杂，治理主体间的合作意愿大幅降低。此外，原有北极治理机制的不足也在新地缘政治竞争背景下充分显露。

（1）治理环境面临新挑战

北极治理环境面临全球气候加速变化的新挑战。极地受到气候变化的影响要远大于其他地区，而北极快速变暖的后果也传导到世界其他地区。极端气候出现频率不断增加，全球气候环境的恶化导致极地治理环境更加恶劣。在此背景下，一方面，北极海冰的加速消融提升了北极资源和北极航道的商业潜力，参与北极治理的行为体数量增多，考虑到环境和资源的双重利益，不仅是北极国家，北极域外国家也纷纷意识到北极的重要性，着力参与到北极开发和治理中去，越来越多的非北极国家着手参与或已经参与到北极治理过程当中。国际海事组织（IMO）制定《极地规则》的实践、[①] 域外国家在《预防中北冰洋不管制公海渔业协定》的积极参与都证明了这一点。[②] 但在治理主体中——北极国家仍固守将“北极的事务留给北极国家处理”的思维，排斥域外国家参与，治

---

① 袁雪、童凯：《〈极地水域船舶作业国际规则〉的法律属性析论》，《极地研究》2019 年第 3 期。

② 唐尧：《中国深度参与北极治理问题研究：以缔结〈预防中北冰洋不管制公海渔业协定〉为视角》，《极地研究》2020 年第 3 期。

理主体结构间竞争大于合作。另外，北极航道利用率的提升，也产生出溢油、搜救、生态环境养护等前所未有的新治理问题，这些治理领域的拓展加上北极恶劣的生态环境，增加了北极治理的难度，需北极各国与域外国家加强合作，共同应对。

（2）治理主体间信任基础削弱

随着北极治理国际化程度加深，北极治理不再简单局限于北极狭隘的地理定义上，域外国家逐渐参与到北极治理之中，治理主体的增多及主体间的国际关系愈发投射到北极治理成效上。随着中国整体实力的增强，以美国为首的北极国家更加在意中国的北极参与，中美俄三国间的复杂关系重塑北极治理格局，大国竞争削弱了北极治理的有效性。中国经济的发展和全球化程度的加深，推动中国也开始着眼于加大北极投资。2017 年，美国特朗普政府发布《国家安全战略》，指出美国的国防战略重点由之前的反恐战争转移到应对与中国和俄罗斯的大国竞争上。次年，美国决定重启海军第二舰队，应对俄罗斯在北极地区越来越大的“威胁”。近年来美国密集出台的涉北极事务文件的共同点是指出美国需要正视来自北极的安全“威胁”，不仅是气候变化带来的风险，更重要的是大国竞争带来的“风险”，而俄罗斯和中国则是美国主要的针对目标。俄罗斯在 2020 年 10 月发布《到 2035 年俄罗斯联邦北极地区发展和国家安全保障战略》中明确表示，北极地区发生冲突的可能性增大，俄军必须不断提高部队作战能力，应对外国的北极威胁。美俄的北极竞争恶化了北极治理环境，而欧美对中国参与北极治理的打压，则将经济问题政治化，区域竞争上升到大国竞争的层面。北极治理主体间竞争加剧，降低了互信和合作水平，北极治理难度加大。

(3) 现有治理机制效能降低

北极理事会是现存的最重要的区域性治理机制。[①] 但是，北极理事会机制也面临能力不足的问题。主要体现为两点，第一是以软法为基础的治理机制在执行方面没有强制性，以北极理事会应急保护、预备和响应工作组（EPPR）为例，其在出现紧急情况下没有授权或执行能力，只是协助会员国处理紧急情况，其能力受到极大的限制。[②] 第二为北极理事会应对新兴北极治理问题能力不足。北极理事会前身为1990年北极环境保护战略行动，重环保、可持续发展议题，随着北极新挑战更加复杂多样，北极治理已远远超出北极理事会成立时的预想，使其应接不暇。[③] 北极理事会缺少整体的指导战略也降低了北极理事会的治理能力。[④] 在俄美关系恶化的国际变局之下，北极理事会的效能发挥一度受到制约。此外，北极理事会的作用也受到其他区域性组织，如"北极：对话区域"国际北极论坛（The Arctic：Territory of Dialogue Forum）、北极圈论坛（Arctic Circle Forum）、北极前沿大会（Arctic Frontiers）和北极海岸警卫队论坛（Arctic Coast Guard Forum）等的冲击。

北极另一个重要的治理机制是《联合国海洋法公约》体系下的海洋法治理机制。与南极不同，北极大部分区域为海洋，因此海洋法治理体系在北极治理中发挥着重要的作用，但其中存在的缺陷也阻碍了其发挥治理作用的能力。《联合国海洋法公约》中第二百三十四条是专门适用北极海域的条款，但第二百三十四条用语模糊，其中对于条款"冰封区

① 章成、顾兴斌：《论北极治理的制度构建、现实路径与中国参与》，《南昌大学学报（人文社会科学版）》2019年第5期。

② 孙凯、郭培清：《北极理事会的改革与变迁研究》，《中国海洋大学学报（社会科学版）》2012年第1期。

③ 孙凯：《机制变迁、多层治理与北极治理的未来》，《外交评论（外交学院学报）》2017年第3期。

④ Tom Barry, etc., "The Arctic Council: An Agent of Change?" *Global Environmental Change* 63, 2020, p. 102099.

域”定义理解、适用条件均无明确规定。[①] 这对条款的适用和治理效能的发挥造成了障碍。俄罗斯对该条款在北方航道的应用明显具有倾向性。俄罗斯学者认为，第二百三十四条规定的“冰封区域”是基于北极特殊的自然环境、航运条件制定的，海冰是否客观存在与“冰封区域”几乎没有关系，即俄罗斯有权在冰盖融化的情况下继续在北极应用第二百三十四条。[②] 俄罗斯对于第二百三十四条的扩大化解释引起了其他国家的不满，间接为海洋法治理体系在北极海域发挥作用造成了障碍。治理机制的局限性深刻制约着北极治理的成效。

2. 南极治理存在的障碍

与北极不同，南极治理格局在《南极条约》体系下较为稳定。然而，无论是体系自身的局限性，还是体系执行的外部环境变化，都给南极治理带来新挑战。

（1）《南极条约》体系执行的局限性

《南极条约》体系起源于 1959 年《南极条约》的签订，彼时只以“视察机制”为条约实施机制，对缔约国未强制规定通过国内立法加以执行。随着《南极条约》体系的发展和完善，《南极海豹保护公约》和《南极海洋生物资源养护公约》要求缔约国通过国内法或其他方式保证条约的执行。[③] 直到目前为止，《南极条约》实施仍然主要依赖各缔约国的自觉，但南极偏远的位置和恶劣的气候环境决定了其部分缔约国不

---

① 冯寿波：《〈联合国海洋法公约〉中的“北极例外”：第 234 条释评》，《西部法学评论》2019 年第 2 期。

② Viatcheslav Gavrilov, Roman Dremliuga, Rustambek Nurimbetov, “Article 234 of the 1982 United Nations Convention on the Law of the Sea and Reduction of Ice Cover in the Arctic Ocean,” *Marine Policy* 106, 2019, p. 103518.

③ 王婉潞：《联合国与南极条约体系的演进》，《中国海洋大学学报（社会科学版）》2018 年第 3 期。

具备相应的履约能力，难以保证有效的履约义务。而各国利用模糊科考和商业界限的方式，通过南极生物勘探来获取价值丰厚的生物遗传资源，也体现了《南极条约》解释不明所导致的执行问题。

此外，《南极条约》体系对于非缔约国的效力一直存有争议。截至2021年1月，《南极条约》只有54个成员国，其中对南极治理事务具有决策权的协商国有29个，另外25个为非协商国。不仅缔约国数量较少，随着南极治理的权力扩散，南极的执法真空还体现在南极商业活动中。南极旅游、探险活动多由私人运营者组织，组织者们多利用条约漏洞，比如使用非缔约国进行中转等方式规避缔约国的监管。[①] 现有的体系难以对非国家行为体进行约束，南极治理的权力向国际组织、私人企业转移，与原本以国家为主体的《南极条约》体系存在制度兼容性问题。[②] 种种问题导致南极执法真空问题虽得到广泛关注，但仍然争议不断，处于悬而未决的状态。问题的核心在于《南极条约》体系自身的能力局限性，正是这种局限性造成了治理能力无法满足治理要求的困境。

（2）《南极条约》体系时效的局限性

《南极条约》签订时，1982年《联合国海洋法公约》尚未通过，《南极条约》体系对于海域的概念模糊，1982年《联合国海洋法公约》的通过促使相关国家利用该公约所规定的专属经济区、大陆架和国际海底区域制度对《南极条约》发起挑战，[③] 已经有国家向联合国大陆架界限委员会提交了划界申请，未提交申请的南极领土声索国也表示保留申请的权利。由于时间原因造成的制度叠加导致制度不相容，《南极条约》和《联合国海洋法公约》之间的矛盾直接影响了南极治理的效能。

---

① 陈力：《论南极条约体系的法律实施与执行》，《极地研究》2017年第4期。

② 王婉潞：《南极治理中的权力扩散》，《国际论坛》2016年第4期。

③ 朱瑛、薛桂芳、李金蓉：《南极地区大陆架划界引发的法律制度碰撞》，《极地研究》2011年第4期。

此外，时效性的局限还体现在体系的延续性上。《南极条约》仅暂时冻结南极的主权问题，而在2041年南极领土冻结期和2048年资源冻结期即将结束的情况下，各国纷纷利用CCAMLR建立南极海洋保护区的方式来掩饰其政治目的。① 现在已有南奥克尼群岛保护区和罗斯海保护区两个提案通过，CCAMLR还在讨论其他的海洋保护提案。海洋保护区的建设不仅仅出于表面上的“海洋生物资源养护”目的，它深层次上影响和限制了南极的渔业活动，是海洋控制权争夺的延伸。② 此外各方还通过新建南极科考站，设立“南极特别保护区”“南极特别管理区”等方式增强对于南极的实际控制。虽然这些举措对于南极海洋生态环境保护具有积极意义，但其背后是各国静候冻结期结束，开展先期“圈地运动”的思想在作祟，这势必给日后条约体系的维护带来挑战。

（三）极地治理未来趋势

如今，极地治理问题越发突出，现有极地治理格局因自身治理局限和外部环境变化等因素面临诸多挑战，亟待进行新的治理变革。推进完善极地治理符合“人类命运共同体”的理念，成为解决全球治理赤字的重要选择。③

1. 北极治理未来走势

北极的地缘格局使得北极治理无法复制南极治理的模式，当前，北极国家都不断围绕北极开发展开竞争与合作，地缘政治、大国博弈也在北极不断上演。北极的未来需要域内外国家共同努力，只有这样，才能

① 唐建业：《南极海洋保护区建设及法律政治争论》，《极地研究》2016年第3期。
② 唐建业：《怎样看待南极海洋保护区建设》，《中国海洋报》2015年10月29日第3版。
③ 杨剑、郑英琴：《“人类命运共同体”思想与新疆域的国际治理》，《国际问题研究》2017年第4期。

实现北极区域的可持续发展。

（1）治理主体由域内国家主导向多元治理发展

过去，北极治理处在北极国家的主权管辖范围内，但包括中国在内的许多域外国家不断参与北极治理。当前北极治理已经呈现多元化局面，多种国际组织和许多域内外国家不断参与北极治理进程，未来北极治理格局将向更加多元治理的方向发展。

北极治理体系既包括得到绝大多数国家共同认可的全球性国际制度，也包括由相关国家基于共同利益和集体共识所建立的区域、次区域国际制度，[①] 包括国际海事组织、联合国环境规划署（UNEP）、政府间气候变化专门委员会（IPCC）、国际海洋学委员会（IOC）在内的全球性国际组织和北极理事会、北极经济理事会、巴伦支海欧洲-北极圈理事会及北极海岸警卫论坛等区域性政府间国际组织。[②] 未来的北极治理，仍然会在这些政府间组织的基础上，容纳更多的国家和非国家行为体并使之享有一定的话语权甚至决策权，形成多元多层次的治理体系。北极开发将会有大量域外国家和非国家行为体参与，以促进北极的资源开发和区域治理。

（2）北极跨领域治理会不断加强

北极面临的治理问题日益多样化，安全治理、环境治理、生物治理、经济治理问题突出，这要求北极解决方案必须跨领域化。一方面，全球变暖使得北极冰盖融化，修建道路、探索航运和开发矿产变得容易，但这些人类活动必然会对原有的脆弱生态造成影响；另一方面，北极矿产、航运价值高，会吸引更多的开发活动，造成域内外国家竞争，加剧北极治理的难度。这种背景下，单一的生态环境治理必须向海洋航

① 肖洋：《北极治理的国际制度竞争与权威构建》，《东北亚论坛》2022年第3期。

② 白佳玉：《北极多元治理下政府间国际组织的作用与中国参与》，《社会科学辑刊》2018年第5期。

行、安全、经济和可持续发展等跨领域治理发展。

未来的北极治理必然要处理好地缘政治、经济发展和生态保护之间的关系。一方面，多元的政府间组织要确保北极局势的和平稳定，既容纳域外国家和非国家行为体参与治理，又要避免北极地区过度安全化；另一方面，要通过北极资源开发促进经济发展和社会进步，使域内外国家能够享受北极开发带来的红利，但同时要注意保护北极的生态环境，保护生物多样性。同时面对全球变暖，还要注意落实《巴黎协定》的气候目标，实现北极的绿色发展。

现今北极治理中，存在大量的软法和硬法文件，[①] 未来的北极治理仍旧会重视国际法的作用，协调不同利益方以及不同领域间的问题，来促进北极不同利益攸关方间和多领域间问题的解决。未来北极治理需要依靠国家间的共同合作来突破集体行动困境，寻求多元化和跨领域的解决方案。

（3）原住民在北极治理中的作用将会增强

通过与联合国、北极理事会、北极国家等北极事务重要参与方建立制度性联系，北极原住民组织已经形成了较为完善的制度参与路径，组织内部拥有较为成熟的制度对接机构。[②] 但是原住民在北极治理中的问题也十分突出，一方面，原住民生存条件相对较差，许多原住民仍然生活在自然环境较差的北极圈内，居住区缺乏完善的基础设施，同时许多原住民仍从事畜牧业、渔业等附加值较低的产业，族群缺乏发展动力；另一方面，一些国家的原住民的地位有待加强，他们在北极开发中缺乏

① 北极治理法律机制中，硬法方面包括《联合国海洋法公约》《斯瓦尔巴条约》《国际海事组织公约》《极地水域船舶航行安全规则》《生物多样性公约》和《联合国气候变化框架公约》等；区域性多边条约主要包括以北极理事会为平台制定的成员国之间的法律规制，及《北极海空搜救合作协定》和《北极海洋油污预防与反应合作协定》。

② 闫鑫淇、赵宁宁：《批判地缘政治学视角下原住民组织对北极事务的参与和影响——以因纽特环北极理事会为例》，《世界地理研究》2021 年第 1 期。

决策权，其权利易受到损害。

未来，原住民群体必然会在北极开发中要求国家和非国家行为体尊重其文化和生活方式，并且要求国家和国际组织给予其更多的事务决策权。此外，原住民群体还会建立发展本族群的企业，以扩大影响力，并更多参与到本国政治经济发展中。同时，原住民也是北极环境问题的重点关注者，在环保领域，原住民也将依靠本族群的特殊地位，和一些环保组织一起呼吁社会保护北极自然环境。

(4) 中国将成为北极治理的重要参与方

北极治理需要各个国家的通力合作才能实现，作为涉北极条约的缔约国和北极重要治理机制——北极理事会的观察员国，中国是北极治理的重要参与方。然而，随着中国的崛起，部分国家意图制约中国在北极事务参与中的地位和作用。因此，在未来北极治理中，中国应坚持人类命运共同体理念，支持和呼吁更多利益攸关方参与北极治理进程，并致力于北极的和平、科学、普惠和共治，将人类命运共同体理念贯彻到北极治理中。中国不仅要积极参与北极治理结构多元化改革创新，还要在北极治理中肩负国际责任，维护北极生态环境和生物多样性，共同应对气候变化，实现人与自然和谐发展。

2. 南极治理的未来走势

《南极条约》为南极机制确立了基本的规范框架。其中，主权冻结、非军事化以及科学研究自由被视为《南极条约》的三大支柱。[1] 但随着人类开展南极活动的形式不断多样化，《南极条约》体系与《联合国海洋法公约》之间的矛盾冲突越来越难以化解，也无法解决与资源利用、

---

① 陈力：《南极治理机制的挑战与变革》，《国际观察》2014 年第 2 期。

旅游、环境保护等领域相关的管辖权之争。[1] 所以未来的南极治理，必然围绕治理主体和治理领域展开新一轮变革。

（1）坚持《南极条约》基本原则

尽管《南极条约》的“和平目的”“非军事化”以及“科学研究”三大支柱已经受到挑战。但在未来南极治理中，仍应用以《南极条约》为核心的南极治理框架制约围绕南极的竞争。

首先，坚持南极地区用于“和平目的”。《南极条约》体系与联合国法律体系在具体实践中存在相互制约。例如，如果联合国大陆架界限委员会认可部分《联合国海洋法公约》缔约国对南极的领土主张，势必引起其他主权声索方的反对和利益争夺，这一做法无疑违反了《南极条约》用于“和平目的”的基本原则，但《南极条约》本身亦是联合国体系内的条约，也就是说，联合国内部产生了自相矛盾的国际法结论。但是，尽管如此，各方也将理解，维护南极地区的和平与稳定才是各方获得相应权益的最佳方案，南极地区用于“和平目的”的基本原则应被首先坚持。

其次，南极“非军事化”应得以维持。《南极条约》对军事化的宽泛解释导致其并不能完全禁止南极的军事存在，如以军事为目的的科学实验和军舰往来通行，使得南极存在军事化的风险。为了维持南极的“非军事化”所带来的平衡，未来的南极治理仍旧不会突破“非军事化”的范围，更不会允许少数国家对“非军事化”平衡进行破坏。

最后，科学研究仍旧是南极治理的重点领域。南极独特的自然条件和丰富的资源势必吸引各国长久地进行科学研究，但由于南极恶劣的自然环境，科考站的建立需要大量的技术与经济投入，未来南极的国际科

---

① 王文、姚乐：《新型全球治理观指引下的中国发展与南极治理——基于实地调研的思考和建议》，《中国人民大学学报》2018 年第 3 期。

研合作必然加强，将会有越来越多的国家和非国家行为体，特别是发展中国家和非国家行为体以各种形式参与南极治理，并力图用南极科研成果造福人类。

（2）更多边和开放的平台

当前的南极治理存在“俱乐部”现象，南极治理权仅掌握在部分国家手中，即《南极条约》的协商国享有南极治理的决策权。《南极条约》体系中其他条约的参与门槛要求也各有区别。如《关于环境保护的南极条约议定书》规定，只有《南极条约》的缔约国才可加入；而《南极海洋生物资源养护公约》的加入门槛则较低，规定“对海洋生物资源研究或捕捞有兴趣的国家均可以加入”。[①] 截至 2019 年，《南极条约》《南极海豹保护公约》《南极海洋生物资源养护公约》和《关于环境保护的南极条约议定书》的当事国分别只有 54、16、30 和 40 个。这与南极环境保护对于全球环境及全球人类的影响不相匹配。[②]

显然，许多发展中国家未能参与到南极治理的国际机制之中，甚至许多国家根本无力踏足南极。这种只有部分国家参与的治理机制必然受到反对，未来国际社会要求南极治理机制改革的呼声将越来越高。因此，未来南极的治理必然允许更多国家参与南极治理，当然，这也意味着这些新兴参与者必须承担相应国际法义务，这反而有助于维持南极条约的三大支柱，更开放的南极治理机制有助于《南极条约》的稳定，并将增强其权威性。

（3）更合理的开发与保护

南极不仅有丰富的矿产资源，还有丰富的观光资源和生物资源。南极治理并不禁止对南极的合理开发。当前，南极观光业正在发展中，且

① 郑英琴：《世界净土：南极的公域价值与治理挑战》，《世界知识》2017 年第 13 期。

② 郭红岩：《“南北极国际治理的新发展”专论——南极治理的新发展：〈布拉格宣言〉的意义》，《中国海洋大学学报（社会科学版）》2019 年第 6 期。

越来越多的研究者意识到南极生物资源对人类的价值。中国曾于2014年提出关于南极“磷虾研究区”的建议，希望该区域允许一定程度的磷虾捕捞。因此南极资源的部分开发是必然之路，未来南极治理不能忽视这一问题。

南极开发的主要问题是平衡国家的开发需求和南极的环境保护，而南极罗斯海海洋保护区的建立可被视为南极治理的重要实践。[①] 未来南极开发将借鉴罗斯海海洋保护区的成功经验，通过海洋保护区制度建设，将部分南极海域进行合理开发与资源分配，妥善处理各国之间的利益分歧，实现南极生态和人类利益的平衡，合理利用南极资源，以造福全人类。

(4) 中国更多参与

2017年第40届南极条约协商会议中，中国强调“要切实做到在保护中利用南极，在利用中保护南极”。而人类命运共同体理念蕴含的共商、共建、共享等价值理念与南极向全球公地发展的价值维度相契合，也与南极保护、治理服务于全人类利益的目标高度契合。[②]

未来的南极治理中，中国应以人类命运共同体理念为旗帜，深度参与南极治理，成为南极治理重要参与国；主张和推动南极治理机制改革，鼓励更多国家和非国家行为体参与南极治理，并且维护《南极条约》的宗旨，致力于南极的和平、科学、普惠和共治，提升南极治理机制的有效性和普惠性。在未来的南极治理中，中国也应确保自身在南极政治进程中的关键成员地位，坚定不移地支持《南极条约》，努力维持南极人类共同财产的属性。[③]

---

① 潘敏、徐理灵、LI Jiaxin：《南极罗斯海海洋保护区的建立——兼论全球公域治理中的集体行动困境及其克服》，《中华海洋法学评论》2020年第1期。

② 郑英琴：《南极的法律定位与治理挑战》，《国际研究参考》2018年第9期。

③ 杨剑：《中国发展极地事业的战略思考》，《人民论坛·学术前沿》2017年第11期。

综上所述，未来南极治理中要平衡好开发和保护的关系。应坚持《南极条约》体系，在维持南极治理三大支柱不变的基础上，寻找可持续的治理机制，保证南极的开发处于有效监管和制约之下。而中国应高举人类命运共同体旗帜，努力为南极治理提供更加有效的公共产品和服务，为人类更好地认识、保护和利用南极贡献更多智慧。[①]

第二节 深海底制度

深海底制度又称国际海底区域制度，是《联合国海洋法公约》创设的一种新制度。对该制度的论述主要包括两个方面，国际海底区域的法律地位以及国际海底区域的资源开发制度和国际海底管理局的职权。

一、国际海底区域的法律地位概述

众所周知，国际海底区域制度为《联合国海洋法公约》（以下简称《公约》）的重要成果，且它是构建公正合理海洋法律新秩序的重要举措。[②] 国际社会对国际海底区域法律地位的争论或主张，主要有以下几种观点：国际海底区域应适用无主物（res nullius）原则、共有物（res communis）原则和公海自由（the freedom of the high sea）原则、人类共同继承财产（the common heritage of mankind）原则。[③]

---

① 钟声：《为南极治理提供有效公共产品》，《人民日报》2017 年 5 月 25 日第 3 版。

② 《联合国海洋法公约》第一条第 1 款第（1）项规定，“区域”是指国家管辖范围以外的海床和洋底及其底土。

③ 魏敏主编《海洋法》，法律出版社，1987，第 225 页。

（一）无主物原则

如果将罗马法的无主物原则适用到国际海底，那么国际海底就不属于任何人，为无主物或无主地，但可通过先占而取得所有权。[①] 实际上，大陆架以外的公海海底被视为无主物，可通过传统的先占理论行使所有权，但这种行使是有条件的，并受到制约，即它是在考虑了沿海国对邻近海域的公海海底的定着性渔业资源具有权利的情形下形成的。[②] 同时，任何人无法对国际海底实行有效占有。因此，无主物原则，显然不能适用于国际海底区域。当然，现已很少有人主张国际海底区域应适用无主物原则的观点了。

（二）共有物原则和公海自由原则

1. 共有物原则

如果将罗马法共有物的概念适用到国际海底，那么国际海底属于全人类，私人不能占有，任何人都可以使用和享受。其实，国际海底虽然与共有物存在共同之处，例如，为全人类共同所有，不允许特定的个人和国家通过占有而获得所有权，可为所有人使用和享受，但它们之间也存在以下两个区别。

第一，数量上的区别。共有物的特征之一为数量无限且用之不竭，而国际海底区域内的资源是有限的，且其资源生长需要很长周期，并不是取之不尽，用之不竭的。

---

① 中国国际法学会主编《中国国际法年刊（1984）》，中国对外翻译出版公司，1984，第32页；李红云：《国际海底与国际法》，现代出版社，1997，第3页。

② ［日］田中则夫：《探讨深海底法律地位的国际法理论（二）》，《国际法外交杂志》（［日］国际法学会编）1987年第3期，第2—3页。

第二，使用方式上的区别。共有物的另一特征为其整体不可能被任何人或任何国家占有。例如，海水只能是共同使用和享受。而国际海底区域内的资源主要分布在大洋底下，例如，太平洋和印度洋，且以无数单个块状形式存于海底，可以分而取之，并不是不能分割的，因此它是不可能共同使用和享受的。

可见，共有物原则适用于国际海底区域的观点是错误的，它在概念上存在混乱。为此，多数西方国家试图用公海自由原则阐释国际海底区域的法律地位。

2. 公海自由原则

公海自由为公海制度的核心，它是通过长期的惯例而确立的国际法基本原则之一。雨果·格劳秀斯主张，根据万民法，航行对所有人自由，通商对所有人也自由。公海对所有国家的国民开放，任何国家都不能有效地主张将公海的任何部分置于其主权之下。① 根据《公约》第八十七条的规定，公海自由已由1958年《公海公约》第二条规定的四项自由发展为六项自由。它们分别为：航行自由；飞越自由；铺设海底电缆和管道的自由；建造国际法所容许的人工岛屿和其他设施的自由；捕鱼自由以及科学研究的自由。显然，公海自由不可能扩展到国际海底区域。因为，当初还没有在深海海底发现锰结核，且开采技术根本不允许。另外，联大决议也承认了上述观点。例如，联大第2749号决议（即《国家管辖范围以外海床洋底及其底土的原则宣言》，简称《原则宣言》）指出，大会承认现有公海法律制度中并无实体规则管制各国管辖范围以外海床洋底及其下层土壤之探测及其资源之开发。可见，国际海底的法律地位是未定的，公海自由原则不应适用于国际海底区域。值

① ［日］国际法学会编《国际法辞典》，东京：鹿岛出版社，1985，第99页、第172—173页。

得注意的是，各国只是使用公海自由，并不是占有或所有；且使用公海自由并不是不受限制的。[①]

因此，对于国际海底区域及其资源的法律地位只能用新的理论和观点去解释，才符合时代发展要求。换言之，国际海底区域及其资源的法律地位问题的提出是社会、科技、法律发展到一定程度的产物，对其的回答和解释不应局限于传统的概念或理论。

（三）人类共同继承财产原则

1967年马耳他驻联合国代表帕多代表其国家提出的建议，即人类共同继承财产适用于国际海底区域的建议，符合时代发展趋势，符合广大发展中国家要求改变传统海洋法的愿望。联合国经过长达十六年（1967—1982年）的激烈争论，终于确立了其在《公约》中的地位，并且其进而发展成为《公约》的基本原则。[②] 例如，《公约》第一百三十六条规定，“区域”及其资源为“人类的共同继承财产”。[③] 当然，各国对待这一人类共同继承财产的态度，并不是开始时就一致的。从联合国讨论情况及国家层面来看，主要分为以下三种态度。

1. 反对态度，即反对将人类共同继承财产原则适用于国际海底区域的态度

代表国家主要为西方资本主义国家。它们在马耳他提案的起初阶段，就竭力反对人类共同继承财产用语。此后，随着联合国对国际海底

---

① 例如，《公海公约》第二条，《公约》第八十七条。

② 《公约》第一条第1款（a）项规定，“区域”是指国家管辖范围以外的海床和洋底及其底土。《公约》第一百三十三条第1款规定，“资源”是指“区域”内在海床及其下原来位置的一切固体、液体或气体矿物资源，其中包括多金属结核。

③ 《公约》第三百一十一条第6款规定，缔约国同意对第一百三十六条所载关于人类共同继承财产的基本原则不应有任何修改，并同意它们不应参加任何减损该原则的协定。

问题审议的深入，它们的态度有了改变，到 1972 年已基本没有反对人类共同继承财产原则的国家了，即对人类共同继承财产原则适用于国际海底区域已没有争议了。

2. 支持态度，即支持人类共同继承财产原则适用于国际海底区域的态度

广大发展中国家极力强调集体管理财产、集体参加活动、集体分享利益的重要性。它们认为，为全人类的利益开发人类共同继承财产，只有考虑从开发获得的收益的公平分配，才能保障发展中国家获得先进技术、争取各种技术知识和得到训练的机会；并且为使深海底资源所开发的矿物不影响陆地生产国的经济，尤其是发展中国家的经济，要求由国际机构对其进行统一管理（例如，进行生产限制）是必要的。因此，它们采取了支持人类共同继承财产原则的态度。

3. 先反对后赞成态度

主要国家代表为以苏联为中心的东欧社会主义国家。它们先是认为，由不同经济体制和不同财产权制度形成的国际社会是无法实现统一管理深海海底资源的，由国际机构管制深海海底资源的设想只不过是一种无法实现的幻想，因而采取了反对的态度。但自《原则宣言》通过后，它们认为，建立新的机构已无法避免，其态度开始有了转变；同时，随着联合国第三次海洋法会议的进展，它们认为，赋予国际机构对资源的开发权并让其管理深海海底活动，有利于防止西方发达国家独占深海海底资源，且易让所有国家参加开发活动，提升各国深海开采技术与水准，因此，它们转而采取了支持人类共同继承财产的原则。

笔者认为，建立在人类共同继承财产原则基础上的《公约》“区域”制度，为国际社会勘探和开发“区域”内资源活动提供了法律基

础。其在《公约》中地位的确立，意义重大。

二、人类共同继承财产理论体系剖析

《公约》“区域”制度以人类共同继承财产原则为基础，且该原则贯穿于“区域”制度（“区域”制度主要内容为《公约》第十一部分及其附件三、四）的始终。当然，“人类共同继承财产”在《公约》中地位的确立，并不是一帆风顺的。

（一）人类共同继承财产概念发展为《公约》原则的过程

联合国讨论的人类共同继承财产概念发展为《公约》原则的过程，主要经历了以下几个阶段。

1. 提出阶段（1967—1968年）

1967年马耳他驻联合国代表首次在第22届联大提出了将国家管辖范围以外海域的海床洋底宣布为人类共同继承财产，并且其应接受国际机构管制的建议。联大接受了该建议，并通过了第2340号决议（1967年12月18日）。该决议决定成立研究各国管辖范围以外海床洋底和平特设委员会（简称“特设海底委员会”）专门研究上述问题。从1968年起该委员会开始审议讨论国际海底区域问题。1968年联大通过了第2467号决议，决定扩大该委员会组成，并将上述委员会改称为海底委员会，即由特设海底委员会改为常设海底委员会。[①] 可见，联大对国际海底问题开始重视。

① 北京大学法律系国际法教研室编《海洋法资料汇编》，人民出版社，1974，第102—110页。

2. 形成阶段（1969—1970 年）

经海底委员会审议和讨论，联大于 1970 年通过了第 2749 号决议，即《原则宣言》决议。《原则宣言》宣告，国家管辖范围以外海床洋底及其底土以及该区域的资源为全人类共同的继承财产；任何国家或个人，均不得将该区域据为己有，任何国家不得对该区域及其资源主张或行使主权或主权权利；应建立国际制度管理该区域资源和勘探及开发活动；该区域向所有国家开放，并专为和平目的使用，为全人类谋福利；等等。[①] 可见，《原则宣言》不仅肯定了马耳他建议的内容，而且丰富了其内涵。因此，《原则宣言》的通过标志着适用于国际海底区域的人类共同继承财产体系已初步形成。

3. 发展阶段（1971—1973 年）

主要标志为联大通过第 3029 号决议（1972 年），决定召开第三次联合国海洋法会议，以讨论海洋法的所有问题，包括国际海底区域制度。同时，在联合国框架外，《原则宣言》宣告的原则，尤其是人类共同继承财产概念所包含的原则，也得到了国家集团和国际组织的决议与宣言的尊重和确认。例如，1972 年《圣多明各宣言》、美洲国家组织美洲间法律委员会关于海洋法的决议（1973 年）、不结盟国家第四次会议关于

---

① 北京大学法律系国际法教研室编《海洋法资料汇编》，第 116—119 页。

海洋法的宣言和决议（1973年）等均确认了人类共同继承财产概念。[1]可见，人类共同继承财产概念已获得发展。

4. 确立阶段（1973—1982年）

经过第三次联合国海洋法会议长达九年共十一期16次会议的审议，在与国际海底区域应适用无主物原则、共有物原则和公海自由原则的争斗后，终于确立了人类共同继承财产原则在国际海底区域的法律地位。《公约》第一百三十六条规定，“区域”及其资源是人类的共同继承财产。可见，人类共同继承财产已成为《公约》的重要原则。当然，《公约》不仅确立了人类共同继承财产原则的地位，还发展和丰富了其内涵。

（二）人类共同继承财产概念内涵考量

虽然《公约》确立了人类共同继承财产概念在《公约》中的地位，且其成为《公约》的基本原则，但《公约》并未对人类共同继承财产概念作出任何定义，因此，在学者之间存在认识上的差异。[2] 为此，有必要考量人类共同继承财产内涵。

---

① 例如，（1）《圣多明各宣言》在国际海床部分指出，承袭海以外的承袭海所未覆盖的大陆架以外的海床及其资源，按照联大1970年12月17日第2749号决议所通过的宣言，是人类共同继承的财产；这个地区应遵从国际协定所设立的制度；国际协定应当设立一个国际机构。（2）美洲国家组织美洲间法律委员会关于海洋法的决议第12项指出，200海里地带及大陆架以外的海床洋底以及从那里可能采掘的资源，是人类的共同财产。（3）不结盟国家第四次会议关于海洋法问题的决议重申国家管辖范围之外的区域和海床洋底资源和底土是人类的共同财产的原则；必须把联合国通过的关于原则的宣言作为建立上述区域管理制度的基础；必须建立一个国际权力机构。参见北京大学法律系国际法教研室编《海洋法资料汇编》，人民出版社，1974，第169—172页，第183—185页，第193—196页。

② 一般认为，人类共同继承财产概念包含以下要素：不得单独占有、共同管理、共同获益、和平使用和为后世保留等。See Barbara Ellen Heim, “Exploring the Last Frontiers for Mineral Resources: A Comparison of International Law Regarding the Deep Seabed, Outer Space, and Antarctica,” *Vanderbilt Journal of Transational Law* 23, no. 4 (1990), p. 819, p. 827.

1. 法律属性

实际上，人类共同继承财产概念自提出起，其法律属性是明确的，确定的。也就是说，此概念的主体为全人类。换言之，它既包括今世的人类，也包括后世的人类。此概念的客体为财产。该财产的含义为“区域”的任何部分及其资源，即国家管辖范围以外的海床和洋底及其底土的任何部分及其资源。此概念的财产的所有权方式是“共同”的。而这种“共同”，是指深海底区域及其资源的所有者是单一的，是整体的全人类，深海底区域及其资源不为各国共有或者按份额共有。这种单一性或整体性要求国际管理机构对国际海底资源实施统一管理，包括分配从“区域”获得的收益。显然，人类共同继承财产概念为具有法律属性的概念。

2. 基本原则

人类共同继承财产概念自提出起，就具有以下基本原则。主要为：(1) 不得据为己有原则，即任何国家不得将深海底的任何部分及其资源据为己有；(2) 遵守宪章规则原则，即深海底的开发应遵照《联合国宪章》的原则和目的；(3) 共同使用发展原则，即深海底应为全人类的利益而使用，特别要用以促进贫困国家的发展；(4) 和平使用保留原则，即深海底应专门用于和平目的；(5) 国际机构管制原则，即应由国际管理机构统一管制深海底资源的勘探和开发活动。

3. 主要内容

人类共同继承财产概念作为《公约》基本原则，其内容主要包括以下几个方面。

(1) 关于“区域”及其资源的性质与范围方面的内容

按照《联合国海洋法公约》，“区域”及其资源是人类的共同继承财产；“区域”是指国家管辖范围以外的海床和洋底及其底土；而“资源”是指“区域”内在海床及其下原来位置的一切固体、液体或气体矿物资源，其中包括多金属结核。①

(2) 关于禁止独自占有“区域”及其资源方面的内容

按照《联合国海洋法公约》，任何国家不应对“区域”的任何部分或其资源主张或行使主权或主权权利，任何国家或自然人或法人，也不应将“区域”或其资源的任何部分据为己有；任何这种主权和主权权利的主张或行使，或这种据为己有的行为，均应不予承认。②

(3) 关于共同参与管理方面的内容

《联合国海洋法公约》规定：对“区域”内资源的一切权利属于全人类，由管理局（即国际海底管理局）代表全人类行使，这种资源不得让渡。但从“区域”内回收的矿物，只可按照本部分（《公约》第十一部分）和管理局的规则、规章和程序予以让渡。③

(4) 关于遵守宪章规则等方面的内容

《公约》第一百三十八条规定，各国对于“区域”的一般行为，应按照《公约》第十一部分的规定、《联合国宪章》所载原则，以及其他国际法规则，以利维持和平与安全，促进国际合作和相互了解。

(5) 关于为全人类服务方面的内容

按照《联合国海洋法公约》，应对海底矿物生产进行适当限制；对国际海底的环境进行保护；各缔约国可在“区域”内进行海洋科学研

---

① 参见《公约》第一百三十六条，第一条第1款（a）项，第一百三十三条第1款。

② 参见《公约》第一百三十七条第1款。

③ 参见《公约》第一百三十七条第2款。

究；应促进转让技术和参加培训；等等。[①] 显然，上述内容均体现了人类共同继承财产为全人类服务的特点。

（6）关于非“区域”部分适用公海自由原则方面的内容

《公约》第一百三十五条规定，《公约》第十一部分或依其授予或行使的任何权利，不应影响“区域”上覆水域的法律地位，或这种水域上空的法律地位。反言之，“区域”部分不适用公海自由原则，而应适用人类共同继承财产原则。

（7）关于禁止变更人类共同继承财产原则方面的内容

《公约》第一百五十五条第2款规定，审查会议应确保继续维持人类共同继承财产的原则；《公约》第三百一十一条第6款规定，缔约国同意关于人类共同继承财产的基本原则不应有任何修正，并同意它们不参加任何减损该原则的协定。

（8）关于分配外大陆架非生物资源方面的内容

《公约》第八十二条规定，沿海国对从测算领海宽度的基线量起200海里以外的大陆架上的非生物资源的开发，应通过管理局缴付费用或实物。可见管理局在其中发挥着重要的作用。它体现了人类共同继承财产要求的公平获益、共同发展的特点。

（9）关于解决“区域”争端方面的内容

《公约》规定了专职管辖“区域”内活动争端的国际海洋法法庭海底争端分庭的职权及其咨询意见的效力。[②]

显然，上述九个方面的主要内容均是人类共同继承财产概念本身固有的或从其引申出来的，它们反映了人类共同继承财产的要求与特点。

---

① 参见《公约》第一百五十一条、一百四十五条、一百四十七条、一百四十三条、一百四十四条。

② 参见《公约》第一百八十七条、一百九十一条、一百五十九条。

4. 重要特征

经分析，人类共同继承财产的重要特征主要为：（1）共同共有，即“区域”及其资源属于全人类共有，为全人类利益服务。（2）共同管理，即“区域”内资源的一切权利由代表全人类的管理局行使，管理局代表全人类对“区域”进行管理。（3）共同参与，即“区域”内的活动，向所有国家开放，目的是通过平等参与“区域”内的活动，提高技术和增加获得培训的机会，以求共同发展。（4）共同获益，即“区域”内活动取得的收益，由各国共享，全人类共同获益。

当然，人类共同继承财产的上述特征是相互关联的，相辅相成的。其中共同获益是共同财产的目的，共同参与是共获发展的手段，共同管理是确保共同获益的措施，共同共有是共同管理和共同参与及共同获益的基础。因此，人类共同继承财产的上述特征必须全面实现，不可偏废。

（三）人类共同继承财产性质述论

虽然人类共同继承财产概念已发展为《公约》的重要原则，但国际社会对人类共同继承财产概念性质的争论一直存在。择其要者，主要为以下五种观点，即人类共同继承财产概念为习惯法概念、一般法律原则概念、强行法规则概念、政治性质概念和哲学道德概念。[①] 经分析，上述观点可根据主张者所属国的不同分为两类。

第一类为发达工业国家学者观点。认为人类共同继承财产非习惯法和强行法规则，代表人物多为拥有开采深海海底资源技术和资金的主要西方工业国家的学者。他们片面理解人类共同继承财产概念内涵，试图

① ［日］井口武夫：《关于深海底开发新国际法的形成及其各种法律问题》，［日］《东海法学》1994年第12期，第8—9页。

抹杀其特质。其目的主要是给勘探和开发“区域”内资源的活动寻找理论支撑，逃避建立以人类共同继承财产原则为基础的《公约》“区域”制度的约束，并拒绝履行《公约》所要求的义务。显然，这些观点违反人类共同继承财产特征，是错误的。

第二类为发展中国家学者观点。认为人类共同继承财产是习惯法和强行法规则，代表人物多为发展中国家的学者。虽然人类共同继承财产概念有向《维也纳条约法公约》第五十三条规定的强行法规则发展的趋向，但从迄今《公约》缔约方的数量来看，《公约》只被约87%的国家所接受，即未被国际社会全体成员所接受；① 同时，国际社会对强行法规则内容也多有争议。② 因此，现阶段其还未成为强行法规则。

笔者认为，人类共同继承财产概念为习惯法概念，各国必须遵循。因为起源于人类共同继承财产概念的联大《原则宣言》决议，为具有法律性质的决议，主要理由如下。

第一，《原则宣言》获得多数赞成。《原则宣言》是以118票赞成，0票反对，14票弃权通过的。可见，多数国家是愿受其约束的。

第二，《原则宣言》受到广泛尊重。因为，《原则宣言》宣告的有关原则已多次被联合国机构决议、其他国家集团和国际组织的宣言和决议引用，受到广泛尊重。③

第三，《原则宣言》得到多国遵守。这从《公约》缔约国遵守人类共同继承财产原则得以反映，尤其是1994年联大《关于执行1982年12

① 《维也纳条约法公约》第五十三条规定，一般国际法强制规律指国家之国际社会全体接受并公认为不许损抑且仅有以后具有同等性质之一般国际法律始得更改之规律。

② 国际强行法规则主要具有以下特征：第一，规定了国际法律秩序的基本原则；第二，即使当事者同意不适用这些原则，也是不允许的。

③ 例如，联合国贸易和发展会议于1979年通过的关于开发海床资源的第108Ⅴ号决议重申，联大宣布在国家管辖范围以外的海床洋底及其底土，以及该区域的资源，都是人类的共同继承财产。参见王铁崖：《论人类的共同继承财产的概念》，载王铁崖、李浩培主编《中国国际法年刊（1984）》，中国对外翻译出版公司，1984，第26—27页。《月球协定》第十一条第1款规定，月球及其自然资源均为全体人类的共同财产。

月10日〈联合国海洋法公约〉第十一部分的协定》（简称《执行协定》）的通过，进一步巩固和发展了人类共同继承财产原则。[①] 可见，其规范的效力正在增强。

三、国际海底区域制度的演进与发展

迄今，国际海底区域制度（即国际海底区域资源的勘探和开发制度）经历了初步确立、修改和发展三个阶段。当然，“区域”活动的平行开发制是与单一开发制、国际注册制和执照制相妥协的产物，且其为过渡性质的措施。[②]

（一）国际海底区域制度的初步确立

1.《公约》“区域”制度概要

《公约》“区域”制度不仅规范了勘探和开发“区域”内资源的平行开发制，即规范了申请开发主体资格及开发体制问题，包括审查该制度的审查制度（定期审查和审查会议）。例如，《公约》第一百五十三条第2款规定，“区域”内活动由企业部进行和由缔约国或国营企业、

---

① 《执行协定》前言指出，本协定的缔约国重申国家管辖范围以外的海床和洋底及其底土（以下称“区域”）以及“区域”的资源为人类的共同继承财产。

② 《公约》虽未对平行开发制作出任何定义，但其实际是指勘探和开发“区域”内资源活动由管理局企业部进行，和缔约国或国营企业、或在缔约国担保下的具有缔约国国籍或由这类国家或其国民有效控制的自然人或法人、或符合公约第十一部分和附件三规定的条件的上述各方的任何组合，与管理局以协作方式进行。关于单一开发制，发展中国家主张，为真正实现人类共同继承财产原则目的，“区域”内勘探和开发活动应由管理局统一管理和实施；发达国家则认为，管理局只具有登记或颁发执照的权限，即主张登记许可制或颁发执照制，试图极力限制管理局权限。国际注册制和执照制的最大区别为，国际执照制规定了开矿者的财政义务。当然，它们的目的都是削弱管理局的权力，支持各国自由开采“区域”内资源。《公约》接受平行开发制的重要条件为，发达国家应提供资金担保、转让开发技术、培训技术人员，同时规定了审查平行开发制的审查制度。可见，平行开发制是暂时的，过渡性质的，且是有条件的。

或在缔约国担保下的具有缔约国国籍或由这类国家或其国民有效控制的自然人或法人、或符合本部分和附件三规定的条件的上述各方的任何组合，与管理局以协作方式进行。第一百五十四条规定，从本公约生效时起，大会每五年应对本公约设立的“区域”的国际制度的实际实施情况，进行一次全面和系统的审查。第一百五十五条第2款规定，审查会议应确保继续维持人类共同继承财产的原则，为确保公平开发“区域”资源使所有国家尤其是发展中国家都得到利益而制定的国际制度，以及安排、进行和控制“区域”内活动的管理局。《公约》还规定了管理局管理“区域”内活动的职权，包括管理局各机关的职权及资源开发的政策和条件。例如，《公约》第一百五十七条第1款规定，管理局是缔约国按照《公约》第十一部分组织和控制“区域”内活动，特别是管理“区域”资源的组织。《公约》第一百六十条规定，管理局大会应审议和核准理事会制定的涉及“区域”内的探矿、勘探和开发的规则、规章和程序。《公约》第一百五十条规定，“区域”内活动应按照第十一部分的明确规定进行，以求有助于世界经济的健全发展和国际贸易的均衡增长，并促进国际合作，以谋所有国家特别是发展中国家的全面发展；并确保“区域”资源的开发，对“区域”资源进行有秩序、安全和合理的管理，避免不必要的浪费；确保使管理局分享收益，对企业部和发展中国家作技术转让；确保增进所有缔约国参加开发“区域”内资源的机会，并防止垄断“区域”内活动；确保为全人类的利益开发共同继承财产；等等。

2.《公约》“区域”制度面临挑战

虽然《公约》对“区域”制度作了周密而详细的安排与规定，例如，《公约》设立了管理“区域”资源的组织——管理局，设立了直接进行“区域”内活动及从事运输、加工和销售从“区域”回收的矿物的管理局的机关——企业部，同时，为能使《公约》生效后管理局迅速运转，根据《公约》决议一（《关于国际海底管理局和国际海洋法法庭筹备委员会的建立》）设立了实施“区域”制度的筹备委员会，以及管理“区域”内活动争端的法庭常设机构——海底争端分庭，[①] 但主要西方工业国家认为，“区域”制度在限制生产、强制性技术转让、企业部的特殊地位、审查会议和管理局的表决程序等方面，无法保证投资者及其证明国的利益，如果“区域”制度不作修改，它们是不可接受的。为此，它们采取了不签署《公约》及拒绝参加筹备委员会的做法，并在《公约》体制外制定了以公海自由原则为基础的相关国内法且在拥有开发“区域”资源技术和资金的主要工业国家之间缔结了“小条约”，试图与《公约》体制，尤其是与《公约》“区域”制度抗衡。[②] 因此，《公约》“区域”制度面临严峻挑战。而如何使《公约》“区域”制度成为统一的规范，就成为国际社会的重大课题。

（二）国际海底区域制度的修改

为促进《公约》的普遍化进程，联合国秘书长主持召开了磋商会议，并于1994年在联大通过了修改《公约》“区域”制度实质性条款的《执行协定》。

---

① 参见《公约》第一百五十七条、第一百七十条第1款，《公约》决议一前言，《公约》第一百八十六条、第一百八十七条，《公约》附件六第十四条、第三十五条至第四十条。

② 相关国内法主要为：《美国深海海底硬矿物资源法》（1980年）、《联邦德国深海海底采矿暂时调整法》（1980年）、《英国深海采矿法暂行条例》（1981年）、《法国深海海底矿物资源勘探和开发法》（1981年）、《关于调整苏联企业勘探和开发矿物资源的暂行措施的法令》（1982年）、《日本深海海底采矿暂行措施法》（1982年）。“小条约”为：1982年美国、英国、联邦德国和法国《关于深海海底多金属结核暂行安排的协定》，1984年美国、英国、日本、意大利、法国、联邦德国、比利时和荷兰《关于深海海底事宜的暂行协定》。其中制定1982年“小条约”的目的在于解决“立法前勘探者”的区域冲突；1984年“小条约”旨进一步在颁发勘探和开发许可证方面进行合作，试图与《公约》体制抗衡。参见张鸿增：《先驱投资者制度及其面临的挑战》，载中国国际法学会主编《中国国际法年刊（1987）》，法律出版社，1987，第312—315页；《外国深海海底矿物资源勘探和开发法》，刘书剑译，法律出版社，1986，第108页。

1. 修改背景

事实上，《公约》自1982年通过以来，国际社会已发生了很大变化，而这些变化和趋势，有利于国际社会重新对“区域”制度进行讨论和修改。国际社会修改“区域”制度的背景与条件，主要表现在以下几个方面。

（1）在国际经济方面

当初，《公约》“区域”制度是以以下假设为前提的。第一，《公约》一旦生效，深海海底商业性采矿马上就会开始；第二，在可预见的将来，唯一具有商业开采价值的矿物资源是锰结核。但经过十多年，并从经济、科技等方面出发，对《公约》“区域”制度进行综合考虑后，才证明上述假设是错误的。[①] 因为，“区域”资源开发需要高额经费；《公约》通过后的十多年国际经济持续下降，严重影响了世界金属市场的生产和销售；虽然对深海海底资源开采和加工在技术上可行，但据估计，深海海底资源商业开采将在多年以后，且今后投资者对深海海底采矿生产期望也不会很高，深海海底采矿已不存在刺激和吸引力。[②]

（2）在国际政治方面

随着冷战的结束和苏联的解体，国际社会出现了要求修改“区域”资源开发制度模式的呼声。其主张“区域”制度应从计划经济体制方式向市场经济原则转换；同时，考虑到深海海底资源开发，尤其是商业生产，在近阶段内不会马上实施，国际社会多认为，没有必要设立规模庞大的管理局，主张随着“区域”资源开发进程采取渐进方式，完善管理

---

① 赵理海：《海洋法问题研究》，北京大学出版社，1996，第159—160页。

② ［日］高林秀雄：《联合国海洋法公约的成果与课题》，东京：东信堂，1996，第64—65页。

局机构，以提高效率，节约开支，避免浪费。[①]

(3) 国际社会出现了合作和谅解的氛围

国际社会的合作和谅解氛围主要表现在以下两个方面。

第一，发展中国家转变态度。发展中国家在20世纪80年代末，曾在筹备委员会采取了实质性的灵活态度，即它们为迎合先驱投资者的利益，同意对《公约》决议二（《关于多金属结核开辟活动的预备性投资》）的部分规定作修正，并希望美国能参与谈判，解决深海海底采矿问题，以消除主要发达国家加入《公约》的重要障碍。

第二，美国协商“区域”制度的现实必要性。美国虽于1980年制定了国内法（《美国深海海底硬矿物资源法》），规定了深海海底采矿的法律措施，但由于美国不是《公约》缔约国，缺乏可靠的国际法权利保障，美国开矿公司或投资者不愿根据国内法进行海底开发，从而减缓或停止了海底采矿研究开发活动。同时，1982年和1984年美国与其他主要工业国家之间缔结的“小条约”并不能阻止互惠国以外的任何国家颁发同互惠国颁发的许可证发生重叠的“区域”的许可证，其他国家也不会因“小条约”颁发了许可证而受到阻碍。另外，“小条约”无权也无法解决同其他勘探申请区的争议。显然，美国等国也有实质性协商调整“区域”制度的需要。

(4)《公约》体制要求修改“区域”制度

众所周知，《公约》设立了三大组织机构，即国际海底管理局、国际海洋法法庭和大陆架界限委员会，而根据《公约》及其附件的有关规

---

① 例如，《执行协定》前言指出，本协定的缔约国，注意到影响第十一部分的执行的各种政治和经济上的变化，包括各种面向市场的做法，希望促使《公约》得到普遍参加，认为一项关于执行第十一部分的协定是达到此一目标的最佳方式。《执行协定》附件第一节第2段规定，为尽量减少各缔约国的费用，根据公约和本协定所设立的所有机关和附属机构都应具有成本效益；第3段规定，管理局各机关和附属机构的设立和运作应采取渐进的方式，以便能在“区域”内活动的各个发展阶段有效地履行各自的职责。

定，上述机构应具有普遍性，且其运作费用是按照联合国预算分担比例由会员国承担而维持的。[①] 如果没有重要发达国家的参与，上述机构的普遍性就无法保证，也不能有效运作，进而无法切实实施国际海底制度。可见，《公约》体制本身也有修改“区域”制度的需要。

（5）秘书长的倡议推动了协商进程

联合国秘书长1990年7月提出的举行一次非正式磋商会议，就海底问题进行磋商和对话的倡议，正符合国际社会的要求和趋势，因而得到了多数国家的支持。

上述背景和条件，促成了秘书长主持召开的国际海底问题磋商会议。

2. 磋商成就

在联合国秘书长主持下，联合国于1990年至1994年就《公约》体系（《公约》体系主要指《公约》及其九个附件）中有关深海海底采矿所涉及的一些问题，共举行了两轮15次非正式磋商。[②] 经过审议和磋商，于1994年联合国第48届会议续会通过了《执行协定》。《执行协定》由本文（共十条）和附件（共九节）组成。[③]《执行协定》符合国际政治经济形势发展需要；它吸收了西方主要工业国家的主张，平衡了发达国家与发展中国家的利益，加速了《公约》的普遍化进程。当然，

---

① 参见《公约》第一百六十条第2款第（e）项，《公约》附件六第二条第2款；《公约》附件三（大陆架界限委员会）第二条第1款。

② 《公约》第三百一十八条规定，各附件为本公约的组成部分，除另有明文规定外，凡提到本公约或其一个部分也就包括提到与其有关的附件。

③ 关于《公约》第十一部分与《执行协定》之间的关系，《执行协定》第一条规定，本协定的缔约国承诺依照本协定执行第十一部分，附件为本协定的组成部分；第二条第1款规定，本协定和第十一部分的规定应作为单一文书来解释和适用。

它也进一步巩固和发展了人类共同继承财产原则。[①]

3. 修改内容

《执行协定》主要对“区域”制度的实质性条款作了修改，但从其内容来看，没有出现“修正”或“修改”的词语，只用了“不适用”的词语。一般认为，这是考虑了发展中国家的意见和要求而作出的规定。可见，《执行协定》极其巧妙地平衡了发展中国家和发达国家之间的关系。《执行协定》的通过，为真正统一实施《公约》的“区域”制度和原则创造了有利条件。

经研究，《执行协定》修改“区域”制度的内容，主要为以下几个方面。

（1）关于管理局机关设置问题

《执行协定》增设了财务委员会，撤销了经济规划委员会与企业部。其中，经济规划委员会的职务由法律和技术委员会代行；企业部职务由秘书处代行。[②]

（2）关于先驱投资者保护问题

为保护《公约》生效前已从事勘探“区域”内资源活动的企业利益，《公约》决议二规定了先驱投资者保护制度。《执行协定》明确了未登记的先驱投资者向管理局核准勘探和开发工作计划的程序。换言之，它使未登记的先驱投资者和已登记的先驱投资者获得了核准勘探和开发工作计划的平等地位。它还减轻了已登记的先驱投资者的财政负担，使先驱投资者申请登记的规费，变成了勘探阶段的规费。另外，

---

① 例如，《执行协定》前言指出，缔约国重申国家管辖范围以外的海床和洋底及其底土以及“区域”的资源为人类的共同继承财产；《执行协定》附件第四节规定，《公约》第一百五十五条第2款所述的原则，制度和其他规定应予维持。

② 参见《执行协定》附件第一节第4段，《执行协定》附件第二节第1段。

《执行协定》还扩大了担保国范围。例如，《公约》附件三第四条第3款规定，申请者必须由缔约国担保，而《执行协定》附件第一节规定，申请工作计划担保的国家，可以是缔约国，或是根据《执行协定》第七条临时适用本协定的国家，或是根据《执行协定》附件第一节第12段作为管理局临时成员的国家。

(3) 关于决策方面的内容

《执行协定》不仅提高了理事会的地位，例如，规定大会应会同理事会制定一般政策，大会的决定应依赖于理事会的建议，而且扩大了理事会向大会作出建议事项的范围。《公约》第一百六十条第2款（f）项（1）目规定，理事会只能对审议和核准关于公平分享从“区域”内活动取得的财政及其他经济利益和依据第八十二条所缴的费用和实物的规则、规章和程序向大会作出建议，而《执行协定》则涉及理事会主管范围的任何事项。同时，《执行协定》还修改了《公约》规定的三级表决制，采用了协商一致原则与理事会成员各分组的集体否决权制度。例如，《执行协定》附件第三节第2段规定，作为一般规则，管理局各机关的决策应当采取协商一致方式；《执行协定》附件第三节第5段规定，关于实质问题的决定，除公约规定由理事会协商一致决定者外，应以出席并参加表决的成员三分之二多数作出，但须理事会任一分组没有过半数反对该项决定。

(4) 关于审查制度方面的内容

《公约》第一百五十五条第1款规定，自商业生产开始的第十五年后，大会应召开会议，审查“区域”制度的有关规定。对此，《执行协定》附件第四节规定，大会可根据理事会的建议，随时审查公约第一百五十五条第1款所述事项。但由于理事会关于实质问题的决定，除协商一致外，应以三分之二多数，但须理事会任一分组没有过半数反对，才能作出，考虑到理事会各组的构成，理事会无法作出不利于发达国家的决定，因此，《执行协定》实际上取消了《公约》的审查会议制度，确保了发达国家的利益。

（5）关于技术转让方面的内容

《执行协定》取消了《公约》附件三第五条规定的承包者具有向企业部和发展中国家转让技术的义务；《执行协定》附件第五节规定，缔约国和承包者只在企业部和发展中国家在公开市场上未能获得必要的深海底采矿技术时，才有按公平合理的商业条件与管理局和发展中国家进行合作的义务。可见，《执行协定》极大地减轻了缔约国和承包者的技术转让义务。

（6）关于生产政策方面的内容

《执行协定》对《公约》体系中原来涉及深海底矿物生产政策的制度作了调整和修改。[①] 同时，《执行协定》列举了管理局根据市场经济原则生产政策应遵循的原则。例如，开发活动应按健全的商业原则进行，禁止向“区域”内活动提供补贴，平等对待“区域”内外的矿物，等等。[②]

（7）关于经济援助方面的内容

《执行协定》将《公约》中对受不利影响的发展中国家的经济援助，从原来违反市场经济原则的补偿制度修改为管理局有限的财政范围内的经济援助制度。[③] 这极大地减轻了管理局的财政负担。

（8）关于合同的财政条款方面的内容

《公约》附件三第十三条第3款规定，承包者应自合同生效之日起，缴纳固定年费100万美元；自商业生产开始之日起，承包者应缴付财政贡献或固定年费，以较大的数额为准。而《执行协定》附件第八节第1

① 参见《执行协定》附件第六节第7段。
② 参见《执行协定》附件第六节第1段。
③ 参见《执行协定》附件第七节第1段。

段规定，承包者向管理局缴费的制度应公平，且如果决定采用几种不同的制度，能让承包者有权选择适用于其合同的制度；承包者自商业生产开始之日起应缴付固定年费，年费数额由理事会决定；缴费制度可视情况的变化定期加以修订。显然，这也大幅度地减轻了承包者的经济负担。

(9) 关于财务委员会建议范围内容

《执行协定》附件第九节第 7 段规定了大会或理事会就六类问题作出的决定，应考虑财务委员会的建议。实际上，财务委员会为控制管理局预算、监视管理局财政问题的强有力机关。因为在管理局除分摊会费以外有足够资金应付其行政开支之前，向管理局行政预算缴付最高款额的 5 个发达国家就是财务委员会的常任代表，所以财务委员会的建议或决定不可能损害发达国家的利益。

值得肯定的是，《执行协定》自通过以来，缔约国数量有了明显的增加。可见，《公约》及其《执行协定》的效力正在日益显现和增强。

（三）国际海底区域制度的发展

迄今，“区域”制度的发展主要表现在以下两个方面。第一，筹备委员会解决了先驱投资者的登记问题；第二，管理局通过了《“区域”内多金属结核探矿和勘探规章》（简称《勘探规章》），以及“区域”内其他资源的探矿和勘探规章。

1. 筹备委员会的主要成就

筹备委员会在设立期间（1983—1994 年），共召开了十二届 22 期会议，解决了 7 个先驱投资者的登记问题，其贡献主要有两个。

(1) 达成“阿鲁沙谅解”

“阿鲁沙谅解”（1986 年）是在筹备委员会主席和联合国副秘书长

南丹参与下，法国、日本、苏联和印度4个先驱投资者达成的关于解决申请区域重叠和进行矿区分配的谅解。它对促进筹备委员会工作和尽快建立国际海底区域申请制度起了积极作用。

(2) 通过关于执行决议二的声明

筹备委员会以“阿鲁沙谅解”为基础，经过反复而紧张的磋商，于1986年通过了《关于执行决议二的声明》。其最大特点为规定了申请登记的时间和程序。它推进了先驱投资者登记制度，有利于实施《公约》体制内的“区域”资源开发制度，并打击和削弱了《公约》体制外行为和活动的违法性。

2. 管理局的主要成就

管理局在“区域”制度方面的主要成就为，管理局于2000年通过了首部规范“区域”内资源活动的《勘探规章》。根据《勘探规章》序言和第四十条的规定，它只适用于“区域”内多金属结核的探矿和勘探活动。换言之，它不适用于“区域”内多金属结核的开发活动，以及“区域”内多金属结核以外资源的探矿和勘探及开发活动。当然，该《勘探规章》是根据《公约》和《执行协定》的有关规定制定的。例如，《勘探规章》第一条第5款规定，本规章应符合《公约》和《执行协定》的规定及与《公约》无抵触的其他国际法规则。显然，它对《公约》“区域”制度，包括核准申请者勘探“区域”内多金属结核的工作计划，进行了具体化和细化，以便管理局实际操作。《勘探规章》第一条第3款规定了“探矿”和“勘探”的定义，弥补了《公约》和《执行协定》未规定“探矿”和“勘探”含义的缺陷。

管理局还于2010年5月通过了《“区域”内多金属硫化物探矿和勘探规章》，于2012年通过了《“区域”内富钴铁锰结壳探矿和勘探规章》。这三个规章均是根据各种矿产资源的赋存条件和资源分布情况，以及针对各种矿产资源的勘探活动对环境可能带来的影响和对技术条件的需求等作出的不同规定。应该说这些规章的制定为“区域”内资源的探矿和勘探活动规定了一套系统的程序和规则，使“区域”内的活动更为具体和细化。在2013年国际海底管理局第十九届会议上，审议通过了《“区域”内多金属结核探矿和勘探规章》的修正案。①

此外，随着国际海底管理局与承包者之间的勘探合同于2016年到期，国际海底管理局开始了制定“开发规章”的准备工作。2017年8月，国际海底管理局公布了《“区域”内矿产资源开发规章草案》（简称《开发规章草案》）；在2018年7月和2019年3月，又公布了《开发规章草案》的修订版，以使开发、环境和监管等方面的内容更加完整和清晰。但尽管如此，国际社会针对《开发规章草案》中的有关内容，例如，开采矿区的申请制度、企业部的独立运作、承包者的权利和义务、担保国的责任、惠益分享、缴费机制和环境保护等方面存在较大分歧。②

截至2019年12月，管理局已核准并与承包者签订了30个“区域”内资源的勘探合同，涉及20个国家，包括18个多金属结核勘探合同（其中首批7个多金属结核勘探合同获得延期）、7个多金属硫化物勘探合同、5个富钴结壳勘探合同，涉及总面积约为151万平方千米。③

（四）管理局今后的重点工作规划

虽然经过筹备委员会和管理局的共同努力，在“区域”制度实施方

① 国家海洋局海洋发展战略研究所课题组编《中国海洋发展研究报告（2014）》，海洋出版社，2014，第21—24页。

② 杨泽伟：《论“海洋命运共同体”理念与“21世纪海上丝绸之路”建设的交互影响》，《中国海洋大学学报（社会科学版）》2021年第5期，第5—7页。

③ 自然资源部海洋发展战略研究所课题组编《中国海洋发展报告（2020）》，海洋出版社，2020，第238页。

面已取得了一定的成就，但管理局今后的任务仍很艰巨。经分析，管理局今后的工作重点主要如下。

1. 切实行使对勘探合同的监督职能

《勘探规章》第五条和第三十一条规定，与管理局签订勘探合同的承包者有义务根据合同条款提交年度报告。管理局制定该制度的主要目的是建立一种监督机制，使管理局特别是法律和技术委员会能够获得必要的信息，并根据《公约》履行职责，特别是履行与保护海洋环境使其免受“区域”内活动有害影响有关的责任。因此，《勘探规章》明确规定了对承包者在提供信息时的要求，希望管理局通过审议年度报告的工作，加强管理局的监督职能，以实现《公约》规定的目标。

2. 完善信息数据库工作

管理局应继续收集和利用各种组织机构提供的数据，开发和测试可用于管理和研究工具的综合数据系统，并倡导获得指定的成员代表、科学家和研究人员将数据传入数据库。鉴于管理局的现状，管理局尤其应恢复收集多金属结核数据并将其纳入数据库，接纳其他诸如多金属硫化物和富钴结壳资源的数据，开发并接纳环境数据库，以完成《公约》赋予管理局的职责。

3. 加快制定和出台“区域”内资源开发规章

管理局是组织和控制“区域”内活动，特别是管理“区域”内资源的组织，所以管理局应克服困难，进行平衡资源开发所涉各方权利义务、确立缴费机制、处理环境保护问题、处理企业部独立运作问题、建立监管和决策及检查机制、制定标准和指南等工作，以确保人类共同继承财产原则目标的实现。[①]

四、中国与国际海底区域制度

中国一贯反对超级大国霸占海洋，竭力要求修订新的海洋法，并一贯支持海底委员会和第三次联合国海洋法会议工作，包括支持人类共同继承财产原则适用于国际海底区域，强调“区域”制度应由国际机构管制。[②] 当然，中国不仅支持国际海底区域制度，而且采取符合《公约》规定的制度，付诸实践，并取得了可喜的成就。

（一）中国在“区域”制度方面的主要成就

1. 中国成为已登记的先驱投资者

中国于 1990 年 8 月 21 日向筹备委员会主席提交了申请，即要求按照决议二的规定代表中国大洋矿产资源研究开发协会（简称“中国大洋协会”）提交登记为先驱投资者的申请。经审议，筹备委员会于 1991 年 3 月 5 日决定，批准中国在东北太平洋海底勘探多金属结核矿区的申请，分配给申请者面积为 15 万平方千米的开辟区。中国成为第五位已登记的先驱投资者。

2. 中国大洋协会与管理局签订勘探合同

根据《勘探规章》第二十三条的规定，2001 年 5 月 22 日中国大洋

① 自然资源部海洋发展战略研究所课题组编《中国海洋发展报告（2020）》，第 245—250 页。

② 例如，中国参加联合国第三次海洋法会议的代表团曾表示，国际海底区域应用于和平目的，国际海域的资源，原则上属于各国人民共有，应该由各国共同拟订有效的国际制度和建立相应的国际机构进行管理和开发。参见《安致远代表在海底委员会全体会议上发言阐明我国政府关于海洋权问题的原则》，载北京大学法律系国际法教研室编《海洋法资料汇编》，人民出版社，1974，第 13—18 页。

协会与管理局在北京签署了勘探合同。换言之，根据《公约》《执行协定》《勘探规章》的有关规定，申请者在放弃开辟区的一半面积后，对7.5万平方千米的矿区具有勘探多金属结核的专属权利，以及对该区域多金属结核进行商业开采的优先开采权。

3. 中国在“区域”制度方面的实践

经分析，我国在勘探国际海底区域资源方面的实践，主要可分为以下几个阶段。

第一，准备阶段（1978年至1990年）。主要标志为，我国于1978年4月从太平洋4784米水深的地质取样中获得了多金属结核；国务院于1990年批准设立了专职处理“区域”资源的管理机构——中国大洋协会。①

第二，收获阶段（1991年至1999年）。主要标志为，中国于1991年完成先驱投资者登记工作，成为第五位已登记的先驱投资者；至1999年，中国大洋协会根据《公约》规定放弃了7.5万平方千米的开辟区。

第三，提升阶段（2000年至2005年）。主要表现在以下几个方面：在深海勘查方面，我国已拥有多波束测深系统、深海拖曳观测系统、6000米水下自治机器人等勘查手段；在深海开采技术方面，中国大洋协会已展开了1000米深海多金属结核采矿海试系统的研制工作；在能力建设方面，我国于2002年已完成对“大洋一号”科考船的现代化改装工作；在国际事务及地位方面，我国实施的“基线及其自然变化”计划已被列为管理局组织的四大国际合作项目之一；我国于2000年连任理

① 中国大洋协会的宗旨为：通过国际海底资源研究开发活动，开辟我国新的资源来源，促进我国深海高新技术产业的形成与发展，维护我国开发国际海底资源的权益，并为人类开发利用国际海底资源作出贡献。其主要任务为：组织国内有关优势单位在国际海底区域进行研究开发活动，以开辟我国新的矿产资源来源，促进深海资源开发高新技术产业的形成与发展，维护我国开发国际海底区域资源的权益。参见《中国大洋矿产资源研究开发协会简介》。

事会B组（主要投资国）成员，2004年当选为A组（主要消费国）成员并连续当选。可见，我国在管理局的地位日益提高，作用日益显现。

第四，受益阶段（2006年至2015年）。自中国于1991年成为先驱投资者以来，管理局先后核准了中国担保的五块勘探矿区申请，并与承包者签订了勘探合同，中国成为世界上获得“区域”资源种类最全、勘探矿区数量最多的国家，拥有太平洋四个勘探矿区，印度洋一个勘探矿区，矿区总面积达23.8万平方千米。① 现今中国的承包者已向国际社会贡献了两块保留区，为管理局企业部提供了两项联合企业股份安排。②

第五，作为阶段（2016年至今）。在管理局讨论和审议“区域”内资源开发规章方面，中国就开发规章涉及的缴费机制，标准、指南和关键概念，独立专家问题，监管机制，决策问题，企业部独立问题以及“区域”环境管理计划等重大事项表达立场，例如，2019年10月15日，中国政府向管理局提交了《中国政府关于“区域”内矿产资源开发规章草案的评论意见》。

另外，作为勘探合同承包者的担保国，中国认真履行担保国的责任和义务，确保本国承包者严格遵守勘探合同和执行勘探工作计划。2016年中国颁布实施《深海海底区域资源勘探开发法》，2017年制定《深海海底区域资源勘探开发许可管理办法》《深海海底区域资源勘探开发样品管理暂行办法》《深海海底区域资源勘探开发资料管理暂行办法》等配套制度，为健全中国的深海法律制度体系、依法保障和促进“区域”

---

① 例如，中国大洋协会向国际海底管理局申请了“区域”内多金属结核矿区（1997年）、多金属硫化物矿区（2010年）和富钴结壳矿区（2012年），并分别于1997年、2011年和2013年获得了批准；在中国政府的担保下，中国五矿集团公司于2014年8月5日向国际海底管理局提出了多金属结核资源勘探矿区申请，管理局于2015年7月20日通过决议核准了中国五矿集团公司提出的东太平洋海底多金属结核资源勘探矿区申请。参见金永明：《中国海洋法理论研究》（增订版），上海社会科学院出版社，2006，第112页。

② 自然资源部海洋发展战略研究所课题组编《中国海洋发展报告（2020）》，第243页。

内资源可持续利用奠定了坚实的基础。[1]

（二）中国在“区域”制度方面的发展趋向

虽然我国在“区域”制度方面已取得了一定的成就，但面临的形势并不乐观。笔者认为，我国今后在勘探和开发“区域”资源方面的任务，包括发展趋向，主要为以下几个方面。

1. 加强深海开采技术攻关

“区域”制度的最终目的为对“区域”内资源实施商业开发，而深海开采技术为实现商业开采的关键要素。目前，部分已登记的先驱投资者已完成深海关键技术的研发，例如，印度已完成采矿系统 450 米水深的海试，并将进一步发展深海技术。我国应在确保深海资源占有量的同时，考虑和研发深海技术，包括设定深海技术发展目标、建立深海技术体系、储备关键深海技术等，并开展重点领域的国际合作，实现我国深海技术的跨越式发展。

2. 加强深海科学研究工作

我国应利用中国大洋协会长期积累的海上调查能力，整合人才队伍，与国内优势单位配合，加强“区域”内海洋科学研究，特别应收集和分析“区域”内资源的数据，并建立数据库，增强我国在深海科学研究领域的地位。

3. 加强对全球海底金属市场的调查研究

为实现“区域”资源的商业开采，我国应加强对全球金属市场的调

① 自然资源部海洋发展战略研究所课题组编《中国海洋发展报告（2020）》，第 242—245 页。

查研究，合理制定我国相关产业政策，并向管理局提供制定相关资源勘探和开发规章的意见，承担我国作为管理局A组成员的重大职责。

4. 加强国际海底区域制度研究的资金投入

实施“区域”资源的勘探和开发活动，需要巨额的资金。为此，我国应不断扩大投资主体范围及合作方式，并制定相关政策，例如融资、税收方面的优惠政策，加大对国际海底区域制度研究所需资金的投入，包括利用民间资本和外资。同时，继续扩大和支持其他发展中国家参与“区域”内活动的能力建设和资金保障工作。

总之，为推进我国海洋开发战略，我国不仅应加强对《公约》的理论研究，积极利用国际、区域、双边海洋法律制度，稳定周边环境，而且应不断完善我国海洋开发法制，并丰富国家实践。实际上，建立在“共同体原理”基础上的构建海洋命运共同体中国倡议，符合人类共同继承财产原则，所以如何将其蕴含的原则和精神融入海洋法体系，尤其是“区域”内矿产资源开发规章中，为人类造福并作出贡献，是我国面临的重大任务和挑战。

第五章

中国的海洋政治概述

考察中国的海洋政治，需要了解中国的海洋政策与立场，以便进一步地了解有关政策中存在的问题，为完善有关制度提供参考和借鉴。

第一节　中国针对海洋问题的政策与立场

由于众多的主客观原因，包括长期以来我国海洋意识淡薄、海洋科技和海洋装备落后、海洋地理环境相对不利等原因，我国积累了较多的海洋问题，并随着国际社会开发利用海洋及其资源的需求和力度加大，尤其是《联合国海洋法公约》的生效和实施，海洋问题日益凸显，引起关注。

对于中国面临的这些海洋问题，我国政府提出了具体的解决原则和方法，也取得了一定的成就，但也面临着一些困境和挑战。我国针对海洋的政策或主张包括坚持协商谈判解决，“主权属我，搁置争议，共同开发”，“双轨思路”倡议（即有关争议由直接当事国通过友好协商谈判寻求和平解决，而南海的和平与稳定则由中国与东盟国家共同维护），通过制定规则、管控危机、资源共享、合作共赢，建设“和平、友谊、合作之海”，等等。它们均是依据中国自身的国情和实际作出的政策选择，深受中国文化的影响，特别体现了和平性、包容性、合作性的文化意愿，是中国和合文化包括求同存异、以和为贵等思想在海洋政策中的运用和发展，完全符合国际社会包括海洋秩序在内的发展进程，应该受到理解和尊重。换言之，我国海洋政策中蕴含的和平性、包容性和合作性原则，不仅是传统文化在海洋政治中的运用和发展，而且体现了中国文化在治理海洋中的地位与作用，具有研究价值。

本部分将对我国依据国情倡议的海洋政策的原则或方针进行初步考察，指出其合理性和可行性，以区别于从海洋文化和海洋软实力视角的分析，目的是让更多人理解我国海洋政策的成因，以及文化要素在海洋中的地位与作用。[①]

一、中国海洋政策的和平性特征

中国对于涉及国家重大利益的海洋问题，坚持优先通过和平的政治或外交方法包括与相关国家直接协商谈判的方法解决，这种政策的和平性完全符合国际法的制度性要求和中国的国家实践，值得坚持。

利用和平方法解决国家间争议不仅是《联合国宪章》的规范性要求(例如，《联合国宪章》第二条第3项、第三十三条)，也符合《联合国海洋法公约》的和平解决争议原则（例如，《联合国海洋法公约》第二百七十九条)，[②] 符合区域性制度要求（例如，《南海各方行为宣言》第

① 关于海洋文化的研究内容，可参见吴继陆：《论海洋文化研究的内容、定位及视角》，《宁夏社会科学》2008年第4期；关于海洋软实力的研究内容，可参见王琪、刘建山：《海洋软实力：概念界定与阐释》，《济南大学学报（社会科学版）》2013年第2期；关于海洋与历史、文化等的关系内容，可参见杨文鹤、陈伯镛：《海洋与近代中国》，海洋出版社，2014。

② 例如，《联合国海洋法公约》第二百七十九条规定，各缔约国应按照联合国宪章第二条第3项以和平方法解决它们之间有关本公约的解释或适用的任何争端，并应为此目的以《宪章》第三十三条第1项所指的方法求得解决。

四条），以及其他双边文件要求［例如，中菲系列联合声明（共同宣言）、中越系列联合声明、《中日政府联合声明》第六条和《中日和平友好条约》第一条第2款］。[①]

利用和平方法尤其是政治方法解决国家间海洋问题也符合中国的理论和实践。例如，《全国人民代表大会常务委员会关于批准〈联合国海洋法公约〉的决定》（1996年5月15日）第二条、[②]《中国专属经济区和大陆架法》第二条，[③] 以及2006年8月25日中国依据《联合国海洋法公约》第二百九十八条的规定向联合国秘书长提交的将包括领土主权、海域划界、历史性所有权和其他执法活动等事项排除强制性管辖的书面声明都表明中国愿用和平方法解决海洋问题。新中国成立至2022年，中国经过努力，通过协商谈判解决了与周边12个国家的陆地领土边界问题，签署了29个陆地边界条约。[④] 其中，与越南缔结了《中越北部湾划界协定》和《中越北部湾渔业合作协定》。换言之，中国坚持优先利用政治方法解决了多个与周边国家之间的领土争议问题，取得了一定的成果。

二、中国海洋政策的包容性特征

针对东海问题和南海问题，我国提出了“主权属我，搁置争议，共

---

① 《南海各方行为宣言》第四条规定，有关各方承诺根据公认的国际法原则，包括1982年《联合国海洋法公约》，由直接有关的主权国家通过友好协商和谈判，以和平方式解决它们的领土和管辖权争议，而不诉诸武力或以武力相威胁。《中日政府联合声明》第六条和《中日和平友好条约》第一条第2款规定，在相互关系中，用和平手段解决一切争端，而不诉诸武力和武力威胁。

② 《全国人民代表大会常务委员会关于批准〈联合国海洋法公约〉的决定》第二条规定，中华人民共和国将与海岸相向或相邻的国家，通过协商，在国际法基础上，按照公平原则划定各自海洋管辖权界限。

③ 《中国专属经济区和大陆架法》第二条规定，中华人民共和国与海岸相邻或者相向国家关于专属经济区和大陆架的主张重叠的，在国际法的基础上按照公平原则以协议划定界限。

④ 《外交部边海司司长欧阳玉靖就南海问题接受中外媒体采访实录》，中国外交部网，http://ipc.fmprc.gov.cn/hdjc/201605/t20160513_785721.htm，访问日期：2022年3月10日。

同开发”的原则或方针，体现了对其他国家的主张予以尊重和理解的立场，具有包容性的特征，特别蕴含“主权不可分割，资源可以分享”理念和包容性的文化特质。

对于东海问题，尽管“搁置争议”内容并未在《中日政府联合声明》（1972年9月29日）、《中日和平友好条约》（1978年8月12日）中显现，但《中日和平友好条约》换文（1978年10月23日）后的1978年10月25日，中国国务院副总理邓小平在日本记者俱乐部上的有关回答内容，表明两国在实现中日邦交正常化、《中日和平友好条约》的谈判中，存在约定不涉及钓鱼岛问题的事实。[①] 换言之，中日两国领导人同意对钓鱼岛问题予以“搁置”。对于邓小平在日本记者俱乐部上的回答，日本政府并未发表不同的意见，这表明对于“搁置争议”，日本政府是默认的。应注意的是，由于邓小平副总理在日本记者俱乐部上的回答，是在1978年10月23日中日两国互换《中日和平友好条约》批文后举行的，所以针对钓鱼岛问题的回答内容，具有一定的解释性作用和效果。

《中日渔业协定》（1997年11月11日签署，2000年6月1日生效）就是以“搁置争议”共识为基础的产物。

2008年6月18日中日两国外交部门发布的《中日关于东海问题的原则共识》指出，经过认真磋商，中日一致同意在实现划界前的过渡期间，在不损害双方法律立场的情况下进行合作，包括日本法人依照中国法律在春晓油气田的合作开发和在东海其他海域根据两国政府商定的原则和办法的共同开发。

① 《邓小平与外国首脑及记者会谈录》编辑组编《邓小平与外国首脑及记者会谈录》，第315—320页；邓小平副总理在日本记者俱乐部指出，这个问题暂时搁置，放十年也没有关系；我们这代人智慧不足，这个问题一谈，不会有结果；下一代一定比我们更聪明，相信其时一定能找到双方均能接受的好办法。参见日本记者俱乐部：《面向未来友好关系》（1978年10月25日），http://www.jnpc.or.jp/files/opdf/117，访问日期：2014年8月12日。

对于南海尤其是南沙群岛争议问题，“搁置争议，共同开发”首先是对菲律宾提出的。1986年6月，邓小平在会见菲律宾副总统萨尔瓦多·劳雷尔时，指出南沙群岛属于中国，同时针对有关分歧表示，“这个问题可以先搁置一下，先放一放。过几年后，我们坐下来，平心静气地商讨一个可为各方接受的方式。我们不会让这个问题妨碍与菲律宾和其他国家的友好关系”。1988年4月，邓小平在会见菲律宾总统科拉松·阿基诺时重申“对南沙群岛问题，中国最有发言权。南沙历史上就是中国领土，很长时间，国际上对此无异议”；“从两国友好关系出发，这个问题可先搁置一下，采取共同开发的办法”。此后，中国在处理南海有关争议及同南海周边国家发展双边关系问题上，一直贯彻了邓小平关于“主权属我，搁置争议，共同开发”的思想。[①]

此外，经过各方的努力，中国与东盟的一些国家依据“搁置争议，共同开发”方针的合作也取得了一定的成果。2000年12月25日，中国与越南缔结了《中越北部湾划界协定》《中越北部湾渔业合作协定》；2005年3月14日，中国与菲律宾和越南签署《在南中国海协议区三方联合海洋地震工作协议》；依据《南海各方行为宣言》（2002年11月4日），中国与东盟国家于2011年7月20日就《落实〈南海各方行为宣言〉指导方针》达成共识；[②] 2011年10月11日，中越两国缔结了《关于指导解决中国和越南海上问题基本原则协议》，2011年10月15日，《中越联合声明》发布。这些均为中国和东盟国家间利用和平方法解决南海争议问题提供了政治保障，具有借鉴和启示的作用及意义，体现了

---

① 中华人民共和国国务院新闻办公室编《中国坚持通过谈判解决中国与菲律宾在南海的有关争议》，第25页。

② 例如，《落实〈南海各方行为宣言〉指导方针》指出，落实《南海各方行为宣言》应根据其条款，以循序渐进的方式进行；《南海各方行为宣言》各方将根据其精神，继续推动对话和磋商；应在有关各方共识的基础上决定实施《南海各方行为宣言》的具体措施或活动，并迈向最终制定“南海行为准则”。

以和为贵的文化思想。

尽管“搁置争议，共同开发”具有国际法的理论基础，例如，《联合国海洋法公约》第七十四条第3款和第八十三条第3款，也符合国际社会的国家实践，[①] 但“搁置争议，共同开发”的政策存在一些实际操作上的困难。

在这种情形下，应遵循“先易后难”的方针，重点就海洋低敏感领域的合作予以突破，加强在海洋环保，海洋科学研究，海上航行和交通安全，搜寻与救助，打击跨国犯罪，包括但不限于打击毒品走私、海盗和海上武装抢劫以及军火走私方面的合作。这不仅符合《南海各方行为宣言》第六条的规定，也符合《联合国海洋法公约》第一百二十三条的规范性要求。这也是中国文化包容性的应有之义。

三、中国海洋政策的合作性特征

由于海洋自身的复杂性和综合性，海洋的治理和海洋问题的解决，需要多方采取合作的态度。只有这样，才能合理地处置海洋问题，并实现可持续利用海洋及其资源的目标。例如，《联合国海洋法公约》前言指出，本公约缔约各国，意识到各海洋区域的种种问题都是彼此密切相关的，有必要作为一个整体来加以考虑。同时，合作处理海洋问题也是《联合国海洋法公约》规范的要求，体现在多个条款内，例如，《联合国海洋法公约》第一百条、第一百零八条、第一百一十七条、第一百一十八条、第一百二十三条、第一百九十七条、第二百四十二条、第二百六十六条、第二百七十条、第二百七十三条、第二百八十七条。当然，合

---

① 例如，《联合国海洋法公约》第七十四条第3款规定，在达成专属经济区界限的协议以前，有关各国应基于谅解和合作的精神，尽一切努力作出实际性的临时安排，并在此过渡期间内，不危害或阻碍最后协议的达成，这种安排应不妨碍最后界限的划定。

作原则也符合《联合国宪章》的要求，例如，《联合国宪章》第一条、第二条、第十一条、第四十九条。同时，“各国依照宪章彼此合作之义务”的原则，也得到联合国大会于 1970 年 10 月 24 日通过的《关于各国依联合国宪章建立友好关系及合作之国际法原则之宣言》确认。换言之，合作处理海洋问题是包括《联合国宪章》《联合国海洋法公约》在内的国际法的原则，必须尊重和执行。这也符合中国和合文化的要求。

而为切实实施合作原则，必须提供或创设具体的路径或平台，在这方面中国提供了很好的公共服务平台，以增进合作的潜能和功效。例如，中国通过设立亚洲基础设施投资银行、海上丝绸之路基金、中国-东盟投资合作基金等平台，推进“一带一路”倡议并加强与区域国家发展战略合作，实现共赢目标。

中国设立这些平台的主要目的，是将海洋，包括东海和南海建设成为“和平、友好、合作之海”。

四、中国解决海洋争议问题的基本路径与要义

如上所述，中国应对和处置海洋问题的立场与态度，不仅得到了多数国家的支持，也符合国际海洋政治发展趋势。而为维系海洋秩序，确保海洋的和平与安全，中国保持了最大的克制，尽力推动机制建设，包括依据《南海各方行为宣言》及其后续行动指针的原则和要求，积极推动“南海行为准则”进程，并取得了阶段性成果。这样做的目的是实现南海空间及其资源的功能性和规范性统一，为区域发展作出贡献。具体来说，中国针对海洋问题的基本路径为：制定规则，管控危机，实施共同开发制度或最终解决海洋争议问题，以合理处理重大海洋问题，实现区域性海洋强国目标，为中国推进海上丝绸之路进程、建设海洋强国作出贡献。

总之，中国是坚定维护海洋法制度和海洋秩序的捍卫者，也是丰富和发展包括海洋法在内的国际法制度的建设者。和平合力处理海洋问题是国际社会的共同期盼，目的是维护海洋安全和秩序，使海洋更好地为人类服务，发挥海洋的独特作用，必须努力合作实现之。上述海洋政策和方针，体现了中国文化的基本要求，体现了以和为贵、和合文化的本质。

第二节　海洋政治中的原则与倡议

新中国成立以来，在与国际社会交往互动的过程中，我国提出了一系列重要的原则和倡议，主要包括和平共处五项原则、“一带一路”倡议和海洋命运共同体理念，这些原则和倡议是我国为世界贡献的中国智慧和中国方案，对维护世界和平发展具有重要价值和意义。

一、和平共处五项原则

新中国成立后，中国、印度、缅甸共同倡导了和平共处五项原则，这五项原则是超越社会制度和意识形态发展国家关系的基本原则，是国际关系史上的伟大创举，是中国为国际社会提供的重要智慧，为推动建立公正合理的新型国际关系作出了历史性重大贡献。

（一）和平共处五项原则的提出与发展

和平共处五项原则是毛泽东、周恩来等第一代领导集体智慧的结晶。新中国成立以后，捍卫国家主权，争取和平环境是新政权最迫切的外交任务。为使中国的和平外交政策被更多的国家熟知，周恩来代表中国政府首创了和平共处五项原则。1953年12月，中国与印度针对英国殖民主义遗留的历史问题举行谈判。谈判伊始，周恩来在与印度政府代表团谈话时首次指出："新中国成立后就确立了处理中印两国关系的原则，那就是互相尊重领土主权、互不侵犯、互不干涉内政、平等互惠和和平共处的原则。"[①] 这是我国首次在公开外交场合提出和平共处五项原则。[②] 1954年4月，中印两国签订的《中华人民共和国和印度共和国关于在中国西藏地方和印度之间的通商和交通协定》中明确把和平共处五项原则确定为两国关系准则。1954年6月周恩来访问印度和缅甸，6月28日中印两国总理发表的联合声明以及6月29日中缅两国总理发表的联合声明中都确认和平共处五项原则是指导两国关系的原则并共同倡议将和平共处五项原则作为指导一般国际关系的原则。正如习近平主席所说，"和平共处五项原则之所以在亚洲诞生，是因为它传承了亚洲人民崇尚和平的思想传统。中华民族历来崇尚'和为贵''和而不同''协和万邦''兼爱非攻'等理念"。[③] 印度、缅甸等亚洲国家人民也历来崇尚仁爱、慈善、和平等价值观。

1955年4月，亚非会议（万隆会议）在和平共处五项原则基础上，提出处理国家间关系的十项原则，为推动国际关系朝着正确方向发展，为推动亚非合作、南南合作，为促进南北合作，发挥了重大历史性作用。[④] 周恩来在会上全面阐述了中国的内外政策，明确指出：虽然与会

---

① 《和平共处五项原则》，载《周恩来选集》下卷，人民出版社，1984，第118页。

② 五项原则中的相关内容和表述后有所调整，在中印、中缅联合声明中"平等互惠"改为"平等互利"；周恩来在亚非会议上的发言中把"互相尊重领土主权"改为"互相尊重主权和领土完整"。

③ 习近平：《论坚持推动构建人类命运共同体》，中央文献出版社，2018，第127页。

④ 习近平：《论坚持推动构建人类命运共同体》，第217页。

各国思想意识、社会制度不同，但和平共处五项原则完全可以成为我们之间建立友好合作和亲善睦邻关系的基础；宗教信仰自由各国皆然，中国信仰社会主义，但仍有其他各种教徒，这并未妨碍中国内部团结，也不应成为亚非国家团结的障碍；中国决无颠覆邻邦政府的意图，也决不会利用华侨对所在国进行颠覆破坏。周恩来呼吁：我们的会议应该求同而存异，为亚非国家的团结而努力。在"求同存异"的方针下，会议一致通过了《亚非会议最后公报》。亚非会议体现了亚非各国人民反对帝国主义、殖民主义，争取和维护民族独立、保卫世界和平和各国人民之间友谊的精神，受到世界上一切被压迫民族的支持。和平共处五项原则不分国家大小、社会制度异同，主张国家一律平等、和平共处，无疑是维护世界和平与安全的正确政策。[①]

至此，和平共处五项原则已经成为中国处理对外关系的基本准则，在随后的一系列对外事务中我国始终倡导和秉持和平共处五项原则。1957年毛泽东亲自率领中国党政代表团赴莫斯科参加庆祝十月革命40周年活动，参加活动期间他向全世界庄严宣告，中国坚决主张一切国家实行和平共处五项原则。1963年底至1964年初周恩来总理出访亚洲、非洲和欧洲，先后访问阿联（即阿拉伯联合共和国，包括今埃及和叙利亚）、阿尔及利亚、摩洛哥、阿尔巴尼亚、突尼斯、加纳、马里、几内亚、苏丹、埃塞俄比亚、索马里、缅甸、巴基斯坦、锡兰（今斯里兰卡）等14个国家，访问期间提出我国经济援助的八项原则，把和平共处五项原则扩展到经济领域。[②] 1974年邓小平同志在特别联大上再次强调，国家之间的政治和经济关系应建立在和平共处五项原则基础上。和平共处五项原则已逐步为世界大多数国家所接受，不仅在大量的各国双

① 黄安余：《新中国外交史》，人民出版社，2005，第11页。

② 谢益显主编《中国外交史：中华人民共和国时期 1949—1979》，河南人民出版社，2001，第283页。

边条约中得到体现，而且被许多国际多边条约和国际文献所确认。1970年第25届联大通过的《关于各国依联合国宪章建立友好关系及合作之国际法原则宣言》（简称《国际法原则宣言》）和1974年第6届特别联大《关于建立新的国际经济秩序宣言》，都明确把和平共处五项原则包括在内。

我国与发达资本主义国家交往中也秉持和平共处五项原则，1972年2月中美两国签订的《中华人民共和国和美利坚合众国联合公报》（《上海公报》）中明确提出，"双方同意，各国不论社会制度如何，都应根据尊重各国主权……和平共处的原则来处理国与国之间的关系"。[①] 此外，中国与日本于1972年9月发表的中日联合声明以及1978年8月签订的《中日和平友好条约》中也都写进了和平共处五项原则的全部内容。[②] 此后，许多重要的国际组织、国际会议及国际文件不断引进或重申和平共处五项原则的内容和精神。[③]

（二）和平共处五项原则的基本内容

和平共处五项原则由五项原则构成，分别是互相尊重主权和领土完整、互不侵犯、互不干涉内政、平等互利和和平共处，这五项原则相辅相成，辩证统一。

1. 互相尊重主权和领土完整

互相尊重主权和领土完整，是两个互相联系且不可分割的概念，是和平共处五项原则的根本，也是国际关系和国际法的一条最根本的原

---

① 《中华人民共和国和美利坚合众国联合公报》，《新华月报》1982年第8期。

② 郑瑞祥：《和平共处五项原则产生的历史背景和时代意义》，《当代亚太》2004年第6期。

③ 中共中央党史研究室：《中国共产党的九十年（社会主义革命和建设时期）》，中共党史出版社、党建读物出版社，2016，第447—448页。

则。由于国家的主权和国家的领土完整密切地联系在一起，尊重一国主权首先意味着尊重该国的领土完整。因此，将这两个不尽相同但又密不可分的概念合并为一项原则提出来，是一种创举。[①] 在国际法领域，主权是国家的基础，包括对内统治权和对外最高权，而国家对主权行使的主要范围是国家领土。因此，领土主权在主权中占据了重要地位，而领土完整则是保障主权行使完整的基本条件之一。[②]

2. 互不侵犯原则

互不侵犯原则是从互相尊重主权和领土完整原则直接引申出来的，也是第一项原则的重要保证。根据《国际法原则宣言》的规定，互不侵犯原则的内容主要有：各国有义务不首先使用武力；有义务用和平方法解决争端；有义务避免侵略战争的宣传；有义务不侵犯他国国界和侵入他国领土；对侵略战争应负国际法上的责任；不得以国家领土为军事占领的对象；不得采取任何强制行动剥夺各民族行使民族自决的权利等。[③]

3. 互不干涉内政原则

互不干涉内政是直接由国家主权原则引申出来的。不干涉内政，是久经公认的一项国际法原则。著名国际关系学者哈佛大学教授约瑟夫·奈曾在其《理解国际冲突：理论与历史》一书中写道，“在无政府世界体系中，主权和不干涉是保证秩序的两个基本原则”。[④] 但是，在传统国际法中，不干涉内政原则实际上只适用于欧美列强之间的关系，广大的

---

① 梁西原著主编、王献枢副主编、曾令良修订主编《国际法（第三版）》，武汉大学出版社，2011，第55页。

② 贺富永：《马克思主义国际法思想研究》，东南大学出版社，2016，第144页。

③ 梁西原著主编、王献枢副主编、曾令良修订主编《国际法（第三版）》，第55页。

④ Joseph S. Nye Jr, *Understanding International Conflicts: An Introduction to Theory and History* (New York: Longman, 1997), p. 133.

亚非拉国家和民族则被排斥在适用范围之外。和平共处五项原则不只是简单地继承了这一原则，而且加上一个“互”字，使其富有新时代的含义。互不干涉内政原则意味着，在现代国际关系中，国家不分大小、强弱均不应进行非法的武装干涉、经济干涉、外交干涉和其他方式的干涉。[①]

4. 平等互利原则

平等互利原则包括平等原则和互利原则，是在传统的平等原则基础上发展起来的一项新原则。平等是互利的前提和基础，互利是平等的必然结果。其新意就在于：它更强调国家间的真正平等，即真正的平等应该是与互利相联系的，形式上的平等不一定是互利的，而只有互利的平等才是真正的平等。[②]

5. 和平共处原则

和平共处，既是五项原则的总称，又是一项单列的原则。在《联合国宪章》的序言中，载有各国必须“和睦相处”的字样。中国和印度、缅甸将和平共处作为一个单项基本原则提出来，可以说是一个创举。和平共处原则的深刻含义是，各国不应因社会制度、意识形态和价值观念的不同，而在国际法律地位上有所差别，而应在国际社会和平地共存，友好地往来，善意地合作，并利用和平方法解决彼此间的争端。[③]

总之，和平共处五项原则是一个相互联系、相辅相成、不可分割的整体。互相尊重主权和领土完整、互不侵犯、互不干涉内政这三项是处理各国政治关系的最基本的行为准则。平等互利则是指导各国经济、贸

---

① 梁西原著主编、王献枢副主编、曾令良修订主编《国际法（第三版）》，第55页。
② 梁西原著主编、王献枢副主编、曾令良修订主编《国际法（第三版）》，第55页。
③ 梁西原著主编、王献枢副主编、曾令良修订主编《国际法（第三版）》，第55页。

易关系的基本原则。和平共处是目标，而前四项原则是实现和平共处的根本基础和前提条件。只要真正实现了互相尊重主权和领土完整，互不侵犯，互不干涉内政，平等互利，就可以排除各国之间的敌对、冲突和战争，可以保证各国之间通过对话解决争端，实现合作，共同发展。[①]

（三）和平共处五项原则的重大意义

和平共处五项原则生动反映了《联合国宪章》的宗旨和原则，并赋予这些宗旨和原则以可见、可行、可依循的内涵。和平共处五项原则中包含四个“互”字、一个“共”字，既代表了亚洲国家对国际关系的新期待，也体现了各国权利、义务、责任相统一的国际法治精神。[②] 和平共处五项原则不仅具有深刻的思想内涵，同时也具有积极的实践意义，已成为处理国际关系的基本准则，在中国外交实践中显示出了强大的活力，是建立国际新秩序最重要的现实基石和最符合时代精神的道义基础。

1. 和平共处五项原则已经成为国际关系基本准则和国际法基本原则

和平共处五项原则深刻和生动地体现了新型国际关系的本质特征，符合《联合国宪章》宗旨。《联合国宪章》开宗明义写道：“一、维持国际和平及安全；并为此目的：采取有效集体办法，以防止且消除对于和平之威胁，制止侵略行为或其他和平之破坏；并以和平方法且依正义及国际法之原则，调整或解决足以破坏和平之国际争端或情势。二、发展国际间以尊重人民平等权利及自决原则为根据之友好关系，并采取其他适当办法，以增强普遍和平。三、促进国际合作，以解决国际间属于

① 陶莹：《和平共处五项原则》，吉林出版集团有限责任公司，2014，第35页。
② 习近平：《论坚持推动构建人类命运共同体》，第128页。

经济、社会、文化及人类福利性质之国际问题，且不分种族、性别、语言或宗教，增进并激励对于全体人类之人权及基本自由之尊重。四、构成一协调各国行动之中心，以达成上述共同目的。”① 和平共处五项原则与此高度契合，具有鲜明的和平精神和道义基础，为国际社会处理各类国际关系提供了切实可行的基本准则和国际法基本原则。同时，和平共处五项原则体现了当代国际关系中的主权、平等、互利、和平的核心理念，是一个相互联系、相辅相成、不可分割的统一体，适用于各种社会制度、发展水平、体量规模国家之间的关系。正因为如此，和平共处五项原则为当今世界一系列国际组织和国际文件所采纳，得到国际社会广泛赞同和遵守。②

2. 和平共处五项原则有力维护了广大发展中国家权益

和平共处五项原则的基本宗旨，就是所有国家主权一律平等，反对任何国家垄断国际事务，其实质是反对霸权主义和强权政治，尊重各国人民掌握自己的命运、独立自主地选择国家发展道路的权力。霸权主义和强权政治是大国或强国凭借其经济、军事实力，使用暴力或非暴力手段，以强凌弱，肆意干涉别国内政，任意宰割别国，操纵国际关系，以达到控制、支配或统治其他国家和地区直至世界的目的。从国际法的观点来看，霸权主义和强权政治是对国家主权及其基本权利的严重践踏，是对国际法的国家主权原则和其他基本原则的严重破坏。霸权主义造成国际局势的紧张和动荡，是对世界和地区和平、各国安全与稳定的严重威胁，是建立国际政治、经济新秩序的主要障碍。③ 和平共处五项原则为广大发展中国家捍卫国家主权和独立提供了强大思想武器，成为发展

① 许光建主编《联合国宪章诠释》，山西教育出版社，1999，第12页。

② 习近平：《论坚持推动构建人类命运共同体》，第129页。

③ 俞正樑等：《全球化时代的国际关系（第二版）》，复旦大学出版社，2009，第41页。

中国家团结合作、联合自强的旗帜，加深了广大发展中国家相互理解和信任，促进了南南合作，也推动了南北关系改善和发展。[①]

3. 和平共处五项原则为推动建立更加公正合理的国际政治经济秩序发挥了积极作用

国际秩序是指整个国际社会在一定的历史时期处理国际关系的准则、实施这些准则的机制以及在这些准则或机制下的国际关系的实际状态。以什么样的准则建立国际秩序具有决定性的意义。传统国际秩序承认国家诉诸战争的权利，承认侵略战争的合法性，承认武力是解决国际争端的合法手段。和平共处五项原则摒弃了国际秩序中的丛林法则和暴力手段，壮大了第三世界的力量，加速了西方殖民体系的土崩瓦解。在东西方冷战对峙的大背景下，“大家庭”“集团政治”“势力范围”等方式都没有处理好国与国关系，反而带来了矛盾，激化了局势。与之形成鲜明对照的是，和平共处五项原则为和平解决国家间历史遗留问题及国际争端开辟了崭新道路。[②] 在和平共处五项原则的指导下，中国同所有邻国和周边国家建立了睦邻友好关系，同绝大多数邻国妥善解决了历史遗留下来的边界问题；在国际事务中，中国坚持和平共处五项原则，主持公道正义，为和平妥善解决国际争端、推动多边主义合作、维护区域和世界和平作出了积极的努力和贡献。

（四）新形势下和平共处五项原则的新内涵

习近平主席在2014年和平共处五项原则发表60周年纪念大会上发表的讲话深刻指出，当今世界正在发生深刻复杂的变化，和平、发展、合作、共赢的时代潮流更加强劲，国际社会日益成为你中有我、我中有

① 习近平：《论坚持推动构建人类命运共同体》，第129页。

② 习近平：《论坚持推动构建人类命运共同体》，第129—130页。

你的命运共同体。同时，国际关系中的不公正不平等现象仍很突出，全球性挑战层出不穷，各种地区冲突和局部战争此起彼伏，维护世界和平、促进共同发展，依然任重道远。新形势下，和平共处五项原则的精神历久弥新，和平共处五项原则的意义历久弥深，和平共处五项原则的作用历久弥坚。[①] 主要体现在以下六个方面。

一是坚持主权平等。主权是国家独立的根本标志，也是国家利益的根本体现和可靠保证。主权是国家所固有的权力，是国家最重要的属性，是国家的灵魂。就外交关系来说，主权就是国家的独立权。国家之间应互相尊重主权，这是维护国家独立自主的重要条件，是国家间合作和交往的基础。互相尊重主权就是在双边关系中互相尊重对方的对内最高权、对外独立权和防止侵略的自卫权，这是发展国家关系的最起码的要求。主权平等也就意味着“国家不分大小、强弱、贫富，都是国际社会平等成员，都有平等参与国际事务的权利。各国的事务应该由各国人民自己来管”。[②] 因此，必须尊重各国自主选择的社会制度和发展道路。

二是坚持共同安全。以往的安全理念通常从对抗、遏制、均衡等角度提供解决传统安全问题的思路。这种理念往往会因一方把自己的安全措施解释为防御性的，而把另一方的措施解释为可能的威胁，为追求自身安全加强安全措施，从而增加其他国家的不安全感。现实中就会导致各国都以自卫的名义加强军备，造成军备竞赛和不安全的地区环境，从而导致普遍的不安全。在新的历史条件下，单边主义谋取的“霸权稳定”是不可能的，“非此即彼”的零和博弈模式越来越不适应当前国际安全局势。要为持久和平营造良好的安全环境，必须摒弃冷战思维，树立共同、综合、合作、可持续的安全观，尊重和保障每一个国家的安全，不能牺牲别国安全谋求自身所谓绝对安全。历史和现实反复证明，

① 习近平：《论坚持推动构建人类命运共同体》，第130页。
② 习近平：《论坚持推动构建人类命运共同体》，第131页。

武力不能缔造和平，强权不能确保安全。当今世界不稳定、不确定和不可测因素在增加；非传统威胁与传统威胁相互交织，各类安全问题的相关性、共同性、综合性日益增强；一国安全与地区和全球安全紧密相联。唯有通过加强国际合作，坚持通过对话协商以和平方式解决，“以对话增互信，以对话解纷争，以对话促安全，不能动辄诉诸武力或以武力相威胁”，① 才能有效解决各国共同的安全问题。正如习近平主席深刻指出的那样，“安全应该是普遍的”，“只有基于道义、理念的安全，才是基础牢固、真正持久的安全”②。

三是坚持共同发展。和平共处五项原则一个重要的目的是共同发展。发展不平衡是当今世界最大的不平衡，随着全球化进程不断深化，国家间发展鸿沟加深加宽，发展失衡问题更为突出，主要表现为：一是个体发展不平衡，全球贫富差距扩大；二是国家发展不平衡，不同领域和地区发展失衡加剧；三是全球发展不平衡，南北差距不断拉大，体量较小的南方国家经济总量出现“零增长”，甚至“负增长”现象。③ 这就要求各国在谋求自身发展时，应该积极促进其他国家共同发展，让发展成果更多更好惠及各国人民。习近平主席就此深刻指出：“我们要共同维护和发展开放型世界经济，共同促进世界经济强劲、可持续、平衡增长，推动贸易和投资自由化便利化，坚持开放的区域合作，反对各种形式的保护主义，反对任何以邻为壑、转嫁危机的意图和做法。”“我们要推动南南合作和南北对话，增强发展中国家自主发展能力，推动发达国家承担更多责任，努力缩小南北差距，建立更加平等均衡的新型全球发展伙伴关系，夯实世界经济长期稳定发展基础。”④

---

① 习近平：《论坚持推动构建人类命运共同体》，第 131 页。
② 习近平：《论坚持推动构建人类命运共同体》，第 131 页。
③ 吴志成、刘培东：《全球发展赤字与中国的治理实践》，《国际问题研究》2020 年第 4 期。
④ 习近平：《论坚持推动构建人类命运共同体》，第 132 页。

四是坚持合作共赢。合作共赢应该成为各国处理国际事务的基本政策取向。合作共赢是普遍适用的原则，不仅适用于经济领域，而且适用于政治、安全、文化等其他领域。在霍布斯丛林规则的笼罩下，传统国际关系理念将国家间交往模式简化为权力斗争，零和博弈的国际政治悲剧不断重演。国际关系实践已经充分表明，如果国际行为体在一次跨国互动中无法获益——不管是绝对收益还是相对收益——它通常会拒绝再次参与类似的互动；如果该国在国际互动中长期无法获益，它或者会成为国际体系的消极参与者，或者会试图部分改变不利于已的国际规范，甚至会彻底摧毁既有国际体系，以满足自身的利益诉求。[①] 因此，有必要将合作共赢理念贯彻到国际交往的不同领域、不同层次和不同主体，形成责任共同体、利益共同体和发展共同体。[②] 习近平主席深刻指出："我们要把本国利益同各国共同利益结合起来，努力扩大各方共同利益的汇合点……积极树立双赢、多赢、共赢的新理念，摒弃你输我赢、赢者通吃的旧思维……坚持同舟共济、权责共担，携手应对气候变化、能源资源安全、网络安全、重大自然灾害等日益增多的全球性问题，共同呵护人类赖以生存的地球家园。"[③]

五是坚持包容互鉴。文明多样性是人类社会的基本特征。2014 年 3 月习近平主席在联合国教科文组织总部的演讲中深刻指出："文明因交流而多彩，文明因互鉴而丰富。文明交流互鉴，是推动人类文明进步和世界和平发展的重要动力。"[④] "文明是平等的，人类文明因平等才有交流互鉴的前提。各种人类文明在价值上是平等的，都各有千秋，也各有不足。"[⑤] 当今世界有 80 亿人口，200 多个国家和地区，2500 多个民族，

---

① 王存刚：《论中国外交核心价值观》，《世界经济与政治》2015 年第 5 期。

② 吴志成、刘培东：《习近平外交思想中的新型国际关系观》，《东北亚论坛》2022 年第 2 期。

③ 习近平：《论坚持推动构建人类命运共同体》，第 132—133 页。

④ 习近平：《论坚持推动构建人类命运共同体》，第 76 页。

⑤ 习近平：《论坚持推动构建人类命运共同体》，第 77 页。

5000多种语言。不同民族、不同文明多姿多彩、各有千秋，没有优劣之分，只有特色之别。因此，习近平主席明确指出："我们要尊重文明多样性，推动不同文明交流对话、和平共处、和谐共生，不能唯我独尊、贬低其他文明和民族。人类历史告诉我们，企图建立单一文明的一统天下，只是一种不切实际的幻想……我们要注重汲取不同国家、不同民族创造的优秀文明成果，取长补短，兼收并蓄，共同绘就人类文明美好画卷。"①

六是坚持公平正义。公平正义是世界各国人民在国际关系领域追求的崇高目标。在当今国际关系中，公平正义还远远没有实现。对此，习近平主席明确主张："我们应该共同推动国际关系民主化，世界的命运必须由各国人民共同掌握，世界上的事情应该由各国政府和人民共同商量来办……我们应该共同推动国际关系法治化。推动各方在国际关系中遵守国际法和公认的国际关系基本原则，用统一适用的规则来明是非、促和平、谋发展……我们应该共同推动国际关系合理化。适应国际力量对比新变化推进全球治理体系改革，体现各方关切和诉求，更好维护广大发展中国家正当权益。"②

二、"一带一路"倡议

"一带一路"倡议是我国为当今世界提供的国际公共产品，已成为我国对外开放和构建人类命运共同体的重要实践平台，为国际社会的和平发展作出了积极贡献。"一带一路"建设，有利于促进共建国家经济繁荣与区域经济合作，加强不同文明交流互鉴，促进世界和平发展，是一项造福世界各国人民的伟大事业。

---

① 习近平：《论坚持推动构建人类命运共同体》，第133页。

② 习近平：《论坚持推动构建人类命运共同体》，第133—134页。

（一）“一带一路”倡议的提出与发展

2013年9月7日，习近平主席在哈萨克斯坦纳扎尔巴耶夫大学发表题为《弘扬人民友谊 共创美好未来》的重要演讲，倡议共同建设“丝绸之路经济带”。2013年10月3日，习近平主席在印度尼西亚国会发表题为《携手建设中国-东盟命运共同体》的重要演讲，倡议与东盟国家共同建设“21世纪海上丝绸之路”。[①]“丝绸之路经济带”和“21世纪海上丝绸之路”简称“一带一路”，至此完整的“一带一路”倡议形成。

事实上，“一带一路”的历史连绵悠长，是中国古代与世界交流的重要通道和方式。丝绸之路起源于2100多年以前的西汉时期，汉武帝派张骞出使西域，从此开辟了以长安为起点，经我国广袤的西部地区，到中亚、西亚，并连接地中海各国的陆上通道。1877年，德国地质地理学家李希霍芬（Ferdinand von Richthofen，1833—1905年）在其著作《中国》一书中，把这条通道命名为“丝绸之路”，随后丝绸之路被国际社会广泛熟知和运用。海上丝绸之路是古代中国与外国交通、贸易和文化交往的海上通道，也称“海上陶瓷之路”或“海上香料之路”。海上丝绸之路萌芽于商周，发展于春秋战国，形成于秦汉，兴于唐宋，是已知最为古老的海上航线。1913年法国汉学家沙畹（Emmanuel-èdouard Chavannes，1865—1918年）在其著作中首次提及“海上丝绸之路”。

共建“一带一路”倡议源自中国，更属于世界，根植于历史，更面向未来。21世纪提出的“一带一路”倡议比历史上的丝路地域更广阔，内涵更丰富，意义更重大。“一带一路”贯通亚欧非大陆，跨越不同国家地域，不同发展阶段，不同历史传统，不同文化宗教，不同风俗习

① 《习近平谈“一带一路”》，中央文献出版社，2018。

惯，被认为是“世界上跨度最大和最具潜力的经济合作带”。“一带一路”一头是活跃的东亚经济圈，另一头是发达的欧洲经济圈，中间广大腹地国家经济发展潜力巨大。丝绸之路经济带重点畅通中国经中亚、俄罗斯至欧洲；中国经中亚、西亚至波斯湾、地中海；中国至东南亚、南亚、印度洋。21 世纪海上丝绸之路重点方向是从中国沿海港口过南海到印度洋，延伸至欧洲；从中国沿海港口过南海到南太平洋。①

我国“一带一路”倡议提出后，得到国际社会积极响应，形成了共建“一带一路”的广泛国际合作共识。共建“一带一路”倡议及其核心理念已被写入联合国、二十国集团、亚太经合组织以及其他区域组织的文件中。2015 年 7 月，上海合作组织发表了《上海合作组织成员国元首乌法宣言》，支持关于建设“丝绸之路经济带”的倡议。2016 年 9 月，《二十国集团领导人杭州峰会公报》通过关于建立“全球基础设施互联互通联盟”倡议。2016 年 11 月，第 71 届联合国大会协商一致通过第 A/71/9 号决议，写入“一带一路”倡议，决议明确欢迎共建“一带一路”重要倡议，呼吁国际社会为“一带一路”建设提供安全保障环境。2017 年 3 月，联合国安理会一致通过了第 2344 号决议，呼吁国际社会通过“一带一路”建设加强区域经济合作。2018 年，中拉论坛第二届部长级会议、中国－阿拉伯国家合作论坛第八届部长级会议、中非合作论坛峰会先后召开，分别形成了中拉《关于“一带一路”倡议的特别声明》《中国和阿拉伯国家合作共建“一带一路”行动宣言》《关于构建更加紧密的中非命运共同体的北京宣言》等重要成果文件。②

与此同时，国内相继出台相关政策规定，把推进“一带一路”建设

① 国家发展改革委、外交部、商务部：《推动共建丝绸之路经济带和 21 世纪海上丝绸之路的愿景与行动》。

② 推进“一带一路”建设工作领导小组办公室：《共建“一带一路”倡议：进展、贡献与展望 2019》，外文出版社，2019，第 5—6 页。

确立为党和国家基本政策。2015年3月，中国政府发布《推动共建丝绸之路经济带和21世纪海上丝绸之路的愿景与行动》（下文简称《愿景与行动》），从时代背景、共建原则、框架思路、合作重点、合作机制等方面阐述了“一带一路”的主张与内涵，提出了共建“一带一路”的方向和任务。[①]“一带一路”宏观上的顶层设计基本完成，从整体上进入与合作国家共同建设的务实合作、操作实施阶段。2017年10月，中国共产党第十九次全国代表大会通过了关于《中国共产党章程（修正案）》的决议，将推进“一带一路”建设写入党章，这体现了中国共产党高度重视“一带一路”建设，坚定推进“一带一路”建设的决心和信心。[②]

（二）“一带一路”倡议的重要意义

作为全球治理的中国方案，共建“一带一路”是应对当前世界和平赤字、发展赤字、治理赤字的战略选择，具有重要的实践价值和世界意义。正如习近平主席在推进“一带一路”建设工作5周年座谈会上所指出的：“共建‘一带一路’顺应了全球治理体系变革的内在要求，彰显了同舟共济、权责共担的命运共同体意识，为完善全球治理体系变革提供了新思路新方案。”[③]

首先，“一带一路”是中国将自身发展与区域经济合作相对接的倡议。经过40多年的改革开放，我国对外经济形势出现重大转变，已经形成高水平“引进来”和大规模“走出去”共同发展，出现市场、资源、投资对外深度融合的全新局面。我国东部地区受多重因素的影响，

① 金永明：《新时代中国海洋强国战略研究》，海洋出版社，2018，第14—16页。

② 《中国共产党第十九次全国代表大会关于〈中国共产党章程（修正案）〉的决议》，《人民日报》2017年10月25日第2版。

③ 《坚持对话协商共建共享合作共赢交流互鉴　推动共建“一带一路”走深走实造福人民》，《人民日报》2018年8月28日第1版。

出口导向型经济发展已难以为继，中低端制造业向国家中西部地区以及东南亚、中亚等劳动力成本优势明显的地区逐步转移已是大势所趋。同时，后者具有人口、劳动力、土地等方面的生产要素优势，而且急需外部资本进入推动地区发展，帮助地区摆脱贫困，或促进产业升级。“一带一路”建设将充分依靠中国与有关国家既有的双边、多边机制，借助既有的、行之有效的区域合作平台，打破原有点状、块状的区域发展模式，更强调相互间的互联互通、产业承接与转移，加快我国经济转型升级。因此，“一带一路”倡议不是要代替现有的地区合作机制，而是中国将自身发展与区域合作相结合的重大倡议，也为我国东部地区产业转移和过剩产能化解提供了广阔的迂回空间。

其次，“一带一路”是建立新型国家关系的重要尝试。“丝绸之路经济带”强调要坚持均衡发展，即实现地区均衡和对外关系结构均衡，改变我国长期以来形成的东西地区发展不平衡现状，同时通过西部加快发展，加强我国与中亚、西亚国家的关系；“21 世纪海上丝绸之路”有利于促进共建国家经济繁荣与区域经济合作，加强不同文明交流互鉴。因为，“更重要的是，中国一心致力于国内发展，需要外部环境继续稳定几十年”。因此，作为一种全新的跨区域的开放性框架，“一带一路”倡议侧重中国的周边地区，但不拘于此，可以不断延伸和拓展空间，让中国改革开放的红利惠及更多的国家，使其人民感受到“一带一路”建设带给他们的是实实在在的利和好，同时，也让他们成为“一带一路”的建设者和参与者，感受到所肩负的责任，最终实现中国与共建国家共同发展，共同繁荣，共筑和平，这也是中国倡导新型国际关系理念的具体实践。所以，“一带一路”倡议是“由中国提出的世界和平发展方案，意在寻求构建一种以合作共赢为核心的新型国际关系，启动新一轮世界经济增长的引擎”。[①]“一带一路”开启了共建国家优势互补、开放发展的新机遇之窗，契合共建国家的共同需求，必将成为国际合作的新平台，对构建以合作共赢为核心的新型国际关系具有重要的指引作用，并对国际格局向着健康有序的方向演变产生着积极影响。

最后，“一带一路”体现的是和平、交流、理解、包容、合作、共赢的精神。对于中国提出的“一带一路”倡议，一些国家有一些误解。实际上，在地区和国际热点问题上，中国始终以“维护世界和平与发展”为出发点，反对霸权主义和各种借口的新干涉主义，极力维护国际关系民主化和发展模式多样性。中国倡导的共建“一带一路”，不限国别范围，不搞封闭排外机制，不以控制他国经济命脉、改变他国政治制度为目的，有意愿的国家和经济体均可参与。中国明确表示并在共建过程中积极发挥负责任大国作用，维护国际公平正义，并与其他经济体保持密切磋商，协调各方立场和设定议题，共同推动国际体系和国际秩序朝着公正合理的方向发展。中国支持联合国、二十国集团、上海合作组织、亚太经合组织、金砖国家等在全球和地区事务中发挥更大作用。

（三）共建“一带一路”的原则与内容

“一带一路”倡议旨在借用古代丝绸之路的历史符号，高举和平发展的旗帜，积极发展与共建国家的经济合作伙伴关系，共同打造政治互信、经济融合、文化包容的利益共同体、命运共同体和责任共同体。

1.“一带一路”倡议的原则

《愿景与行动》明确提出了共建“一带一路”的宗旨和原则，指出“共建‘一带一路’旨在促进经济要素有序自由流动、资源高效配置和

---

① 赵可金：《“一带一路”：从愿景到行动》，北京大学出版社，2015，第15页。

市场深度融合，推动沿线各国实现经济政策协调，开展更大范围、更高水平、更深层次的区域合作，共同打造开放、包容、均衡、普惠的区域经济合作架构。”“‘一带一路’建设是一项系统工程，要坚持共商、共建、共享原则，积极推进沿线国家发展战略的相互对接。”

共商就是“大家的事大家商量着办”，强调平等参与、充分协商，以平等自愿为基础，通过充分对话沟通找到认识的相通点、参与合作的交汇点、共同发展的着力点；共建就是各方都是平等的参与者、建设者和贡献者，也是责任和风险的共同担当者；共享就是兼顾合作方利益和关切，寻求利益契合点和合作最大公约数，使合作成果福及双方、惠泽各方。共建“一带一路”不是“你输我赢”或“你赢我输”的零和博弈，而是双赢、多赢、共赢。[①]

《愿景与行动》中明确提出五个原则。

一是恪守联合国宪章的宗旨和原则。遵守和平共处五项原则，即尊重各国主权和领土完整、互不侵犯、互不干涉内政、和平共处、平等互利。

二是坚持开放合作。“一带一路”相关的国家基于但不限于古代丝绸之路的范围，各国和国际、地区组织均可参与，让共建成果惠及更广泛的区域。

三是坚持和谐包容。倡导文明宽容，尊重各国发展道路和模式的选择，加强不同文明之间的对话，求同存异、兼容并蓄、和平共处、共生共荣。

四是坚持市场运作。遵循市场规律和国际通行规则，充分发挥市场在资源配置中的决定性作用和各类企业的主体作用，同时发挥好政府的作用。

① 推进“一带一路”建设工作领导小组办公室：《共建“一带一路”倡议：进展、贡献与展望 2019》，外文出版社，2019，第 33—39 页。

五是坚持互利共赢。兼顾各方利益和关切，寻求利益契合点和合作最大公约数，体现各方智慧和创意，各施所长，各尽所能，把各方优势和潜力充分发挥出来。[①]

2. 共建“一带一路”合作重点

“一带一路”共建国家资源禀赋各异，经济互补性较强，彼此合作潜力和空间很大。《愿景与行动》中强调以政策沟通、设施联通、贸易畅通、资金融通、民心相通等五方面为重点加强合作。

一是政策沟通。加强政策沟通是“一带一路”建设的重要保障，是形成携手共建行动的重要先导。政策沟通既是实施“一带一路”倡议的政治基础与前提条件，又是“助推器”与“催化剂”，包括双方基于共同利益、共同理念（发展经济、改善民生、独立自主、合作共赢）、共同任务（和平与发展）的政治互信，以及政策协调和协作。加强政府间合作，有助于构建多层次政府间宏观政策沟通交流机制，深化利益融合，促进政治互信，达成合作新共识。[②]

二是设施联通。设施联通是共建“一带一路”的优先领域。设施联通是指不同国家、区域之间基础设施的相互联通。基础设施的概念十分广泛，既包括公路、铁路、机场、港口等交通设施，也包括通信、电力、石油和天然气管道、供水和供暖管道与设备等公用设施，还包括文化教育、医疗卫生、商业服务、金融保险等社会公共服务设施。《愿景与行动》没有严格界定设施联通的具体内容，但指出了优先领域，即与跨境和跨区域合作有关的交通、能源和通信基础设施。倡导在尊重相关

---

① 国家发展改革委、外交部、商务部：《推动共建丝绸之路经济带和21世纪海上丝绸之路的愿景与行动》。

② 国家发展改革委、外交部、商务部：《推动共建丝绸之路经济带和21世纪海上丝绸之路的愿景与行动》。

国家主权和安全关切的基础上，各国共同努力促进跨区域资源要素的有序流动和优化配置，实现互利合作、共赢发展。[①]

三是贸易畅通。贸易畅通是共建“一带一路”的重要内容，旨在顺应经济全球化、区域一体化趋势，全方位深化各国经贸往来、产业投资、能源资源和产能合作，着力推进投资贸易便利化，消除投资和贸易壁垒，助力构建良好的营商环境，促进区域内经济要素有序自由流动、资源高效配置和市场深度融合，共同打造开放、包容、均衡、普惠的区域经济合作架构，为共建国家互利共赢、共同发展奠定坚实基础，进一步提升各国参与经济全球化的广度和深度。

四是资金融通。资金融通是“一带一路”建设的重要支撑。资金融通主要包括以下方面：深化金融合作，推进亚洲货币稳定体系、投融资体系和信用体系建设；扩大沿线国家双边本币互换、结算的范围和规模；推动亚洲债券市场的开放和发展。加强金融监管合作，推动签署双边监管合作谅解备忘录，逐步在区域内建立高效监管协调机制；充分发挥丝路基金以及各国主权基金作用，引导商业性股权投资基金和社会资金共同参与“一带一路”重点项目建设。

五是民心相通。民心相通是“一带一路”建设的社会根基。加强民心相通的主要措施有：传承和弘扬丝绸之路友好合作精神，广泛开展文化交流、学术往来、人才交流合作、媒体合作、青年和妇女交往、志愿者服务等，为深化双多边合作奠定坚实的民意基础。[②] 正如习近平主席强调的，“国之交在于民相亲。搞好上述领域合作，必须得到各国人民支持，必须加强人民友好往来，增进相互了解和传统友谊，为开展区域

---

① 国家发展改革委、外交部、商务部：《推动共建丝绸之路经济带和21世纪海上丝绸之路的愿景与行动》。

② 国家发展改革委、外交部、商务部：《推动共建丝绸之路经济带和21世纪海上丝绸之路的愿景与行动》。

合作奠定坚实民意基础和社会基础”。[1]

“一带一路”倡议提出以来取得一批重要成果，成为各方加强国际合作的重要途径和重要的国际公共产品。截至2022年7月，我国已与149个国家、32个国际组织签署200多份合作文件，[2] 以上文件涵盖投资、贸易、金融、科技、社会、人文、民生等领域。仅2022年7月1个月，中欧班列共开行1517列，运送货物14.9万标箱。[3] 同时，我国积极履行国际责任，在共建“一带一路”框架下，深化同各方发展规划和政策的合作。在全球层面，“一带一路”倡议同联合国2030年可持续发展议程有效合作，形成了促进全球共同发展的政策合力；在区域层面，“一带一路”倡议与《东盟互联互通总体规划》、非盟《2063年议程》、欧盟“欧亚互联互通战略”等区域发展规划或合作倡议有效合作，达成促进互联互通、支持区域经济一体化进程的共识。[4]

（四）“一带一路”倡议面临的风险挑战

“一带一路”倡议是中国为解决全球治理“四大赤字”提出的中国方案，充分体现了中国的大国责任和担当，但与此同时，“一带一路”倡议也受到来自各个方面、各个维度、各个层次的质疑和挑战，这种处境正如法国思想家托克维尔所言，“大国命定要创造伟大和永恒，同时承担责任与痛苦”。[5] 从中国倡议和国际共建的角度来看，共建“一带一路”面临着主观和客观两方面的风险挑战。

主观方面有三重需要重视的风险因素。

---

① 《习近平谈“一带一路”》，第5页。

② 《国家发展改革委举行8月份新闻发布会》，《中国产经》2022年第15期。

③ 《共建“一带一路”取得新发展成果》，《人民日报海外版》2022年8月19日第3版。

④ 《“一带一路”建设成果丰硕 推动全面对外开放格局形成》，国家统计局，http://www.stats.gov.cn/tjsj/sjjd/202210/t20221009_1888994.html。

⑤ 托克维尔：《论美国的民主（第一卷）》，商务印书馆，1996，第181页。

一是全面铺开的风险。尽管中国是当今世界第二大经济体，也是“一带一路”共建国家中经济实力最强大的国家，但是，大有大的难处，中国巨型的经济规模也决定了自身存在着很多中小国家无法理解的复杂治理问题，中国在“一带一路”上所能做的事情是有限的，只能集中力量一个问题接着一个问题地解决。国内地方政府在政绩激励动机的诱发下，很可能因为贪功冒进而导致卡位、抢跑现象，如果管控不力，很容易导致四面出击。因此，宜坚持细水长流，稳步推进，明确先后次序，确定阶段性发展目标和重点。

二是非传统安全的风险。作为一项洲际区域合作架构，安全风险随时随地都存在，并且传统安全风险和非传统安全风险相互交织，错综复杂。中国可能更多地面对来自非传统安全领域的众多挑战，比如“三股势力”、跨国犯罪等。这些势力行踪不定，对庞大的中国经济体和每年超过 1 亿人次的出国出境人数是巨大的威胁。

三是发展主义的风险。改革开放四十多年来，中国内政外交都形成了一种发展主义的思维定式，就是将衡量一切成败得失的标准确定为是否促进生产力的发展，尤其是能否推动经济的持续快速发展。中国在推动“一带一路”倡议的时候，宜广泛听取其他国家的意见和声音，妥善调解对外交往中出现的摩擦和矛盾。①

客观方面的风险挑战表现在两个方面。

第一，西方国家的战略误读和遏制。“一带一路”倡议提出以后，目前发达国家组成的 G7 集团中只有意大利参与共建，美国等发达国家不仅没有实质性接触，反而对“一带一路”倡议进行各种污名化误读。西方国家怀疑“一带一路”倡议的目的。美国等西方国家错误地认为，“一带一路”是中国的地缘大战略，旨在对抗美国“亚太战略再平衡”，

① 赵可金：《大国方略：“一带一路”在行动》，人民出版社，2017，第 29—31 页。

重塑地区和国际秩序。最有影响的一种误读是将“一带一路”看作中国版的“马歇尔计划”，认为“一带一路”折射出中国在周边地区扩展影响力的强烈意图，并刻意强调两者之间形式上的相似。“一带一路”被认为对美欧主导的秩序构成挑战，引起了美国及其盟友格外担心。

另外，由于没有美国参与，“一带一路”被误读为对其重返亚太战略和跨太平洋伙伴关系协议的强有力回击，而由中国主导的亚投行被误读为对美国主导的世界银行的直接挑战。[①] 凡此种种，都是对“一带一路”倡议的严重误读。而事实上，“一带一路”不是搞地缘政治联盟或军事同盟，不是要关起门来搞小圈子或者“中国俱乐部”，不以意识形态划界，不搞零和游戏，只要各国有意愿，都欢迎参与。[②]

第二，东道国的各类内部风险。“一带一路”共建国家和地区存在着一定的政治风险、经济风险、社会风险以及治理风险，为“一带一路”合作共建带来较大挑战。习近平主席在第一届“一带一路”国际合作高峰论坛开幕式上的主旨演讲中深刻指出：“古丝绸之路沿线地区曾经是‘流淌着牛奶与蜂蜜的地方’，如今很多地方却成了冲突动荡和危机挑战的代名词。”[③] 部分“一带一路”共建国家内部族群、宗教、阶级、地域、派系对立，冲突不断，政局动荡，有些国家极端势力、分裂主义、恐怖主义势力严重，这些都为共建“一带一路”带来风险。

因此，防范化解共建国家和地区各类风险挑战，提供有效的风险纾解公共产品已成为推进“一带一路”倡议行稳致远的重要议题。对此，习近平主席在推进“一带一路”建设工作5周年座谈会上强调，“要高度重视境外风险防范，完善安全风险防范体系，全面提高境外安全保障

① 北京大学“一带一路”五通指数研究课题组：《“一带一路”沿线国家五通指数报告》，经济日报出版社，2017，第15—19页。

② 推进“一带一路”建设工作领导小组办公室：《共建“一带一路”倡议：进展、贡献与展望2019》，外文出版社，2019，第2页。

③ 《习近平谈“一带一路”》，第182页。

和应对风险能力”,[①] 从而保障“一带一路”倡议合作乘风破浪，行稳致远。

展望未来，共建“一带一路”充满前所未有的机遇和发展前景，随着时间的推移和各方共同努力，我国一定能把“一带一路”建设为和平之路、繁荣之路、开放之路、绿色之路、创新之路、文明之路、廉洁之路，推动全球治理朝着更加开放、包容、普惠、平衡、共赢的方向发展。

三、构建海洋命运共同体

海洋命运共同体成为现今和未来较长时期内指导中国海洋事务、维护和拓展中国海洋权益、加快建设海洋强国、推进21世纪“海上丝绸之路”建设的重要指导方针和目标愿景。为此，有必要论述海洋命运共同体的理论体系，包括海洋命运共同体的基本内容、法理基础及发展途径和保障措施等内涵，以观察和评估中国海洋事业的发展和处置海洋问题的能力，以及理解海洋事业发展趋势和贡献，即考察中国海洋治理体系和海洋治理能力现代化水平。

鉴于海洋命运共同体倡议提出的时间较短，相应的系统性研究成果也不多见，同时，其对于维护与拓展中国的海洋权益和进一步完善国际海洋秩序规则具有重大的指导作用，所以，对海洋命运共同体的基本内涵与保障制度予以系统思考和论述，对于界定和构建海洋命运共同体理论体系，包括使其蕴含的价值和目标深度融入现代海洋法体系并发展成为重要的原则，有重要的价值和意义。

① 《坚持对话协商共建共享合作共赢交流互鉴 推动共建“一带一路”走深走实造福人民》，《人民日报》2018年8月28日第1版。

（一）海洋命运共同体的提出及渊源

海洋命运共同体倡议或理念的提出，源于2019年4月23日国家主席、中央军委主席习近平在青岛集体会见应邀出席中国人民解放军海军成立70周年多国海军活动的外方代表团团长时的讲话。

习近平在讲话中指出，海洋孕育了生命、联通了世界、促进了发展。我们人类居住的这个蓝色星球，不是被海洋分割成了各个孤岛，而是被海洋连结成了命运共同体，各国人民安危与共。海洋的和平安宁关乎世界各国安危和利益，需要共同维护，倍加珍惜。海军作为国家海上力量主体，对维护海洋和平安宁和良好秩序负有重要责任。应加强海上对话交流，深化海军务实合作，走互利共赢的海上安全之路，携手应对各类海上共同威胁和挑战，合力维护海洋和平安宁。中国提出共建21世纪海上丝绸之路倡议，就是希望促进海上互联互通和各领域务实合作，推动蓝色经济发展，推动海洋文化交融，共同增进海洋福祉。①

习近平主席主要从海洋的属性、本质及其地位和作用，实现21世纪海上丝绸之路目标，中国参与全球海洋治理的立场、态度和海军在维护海洋安全秩序上的作用，以及国家间处理海洋权益争议问题的原则等方面，指出了合力构建海洋命运共同体的要义。②

习近平主席从海洋的空间及资源的本质和特征作出的概括性总结，揭示了人类经济和社会发展对海洋的空间和资源的依赖性和重要性。同时，随着海洋科技及装备的发展和各国依赖海洋空间和资源程度的加剧，各国在开发和利用海洋及其资源时，因存在不同的利益主张和权利

---

① 习近平：《推动构建海洋命运共同体》，载《习近平谈治国理政（第三卷）》，外文出版社，2020，第463—464页。

② 《习近平集体会见出席海军成立70周年多国海军活动外方代表团团长》，新华网，2019年4月23日，http://www.xinhuanet.com/politics/leaders/2019-04/23/c_1124404136.htm，访问日期：2019年4月23日。

依据，所以在有限的海域范围内无法消除各国之间存在的海洋权益争议问题，而对于这些海洋权益争议问题，应使用和平方法尤其是政治或外交方法予以直接沟通和协调，以取得妥协和平衡，消除因海洋权益争议带来的危害，以共同合理分享海洋的空间和资源利益。

当政治或外交方法无法解决海洋权益的争议问题时，则可采取构筑管控危机制度（如海空联络机制、海上事故防止协定）的方法，以提升政治互信和合作利益，而不是以使用武力或威胁使用武力的方法解决海洋权益争议问题。[①] 当然，在解决海洋权益争议问题的条件并未完全成熟或具备时，则可采取“搁置争议，共同开发”的模式。这种做法及其价值取向体现了对各方的权利主张和要求的尊重，照顾了各方的关切，以实现共同使用、共同发展和共同获益的目标，体现共商、共建、共享的全球治理观的基本原则和要求。

换言之，中国提出的海洋命运共同体理念或愿景符合时代发展趋势，符合海洋治理体系原则，符合维系海洋秩序规则要求，是海洋政治中海洋治理的创新理念。构建海洋命运共同体，旨在共同构建一个持久和平、普遍安全、共同繁荣、开放包容、清洁美丽的海洋。这一重要理念内涵丰富、意蕴深远，涉及海洋政治、海洋安全、海洋经济、海洋文化、海洋生态环境等诸多领域，需要多维度、多角度、深层次理解领悟。

（二）海洋命运共同体的法理基础

笔者认为，构建海洋命运共同体，需要把“共同体”原理深度融入管控海洋事务的现代海洋法体系，尤其是《联合国海洋法公约》体系之

---

① 有关维护海上安全秩序的海空联络机制的由来与发展方面的内容，如《美苏海上事故防止协定》（1972 年 5 月）、《日俄海上事故防止协定》（1993 年 10 月），参见金永明：《新时期东海海空安全机制研究》，《中国海洋大学学报（社会科学版）》2020 年第 1 期，第 4—7 页。

中。这是由现代海洋法体系自身需要共同体原理，现代海洋法体系可以保障海洋命运共同体的构建和实施，以及共同体原理能实现海洋命运共同体目标等决定的。

一般认为，现代海洋法体系有两种类型，即广义的和狭义的现代海洋法体系。而在狭义的现代海洋法体系中，核心内容为1958年的“日内瓦海洋法公约”体系和1982年的《联合国海洋法公约》体系。[①] 而对这两个体系之间的相互关系，《联合国海洋法公约》的第三百一十一条第1款进行了规定。从其内容可以看出，《联合国海洋法公约》体系内容不仅是对传统海洋法包括“日内瓦海洋法公约”的编纂和发展，而且也具有在适用上的独特优势。同时，从《联合国海洋法公约》的框架结构和主要内容看，其具有综合性、全面性和穷尽性、优先性的特征。[②] 所以，现今的海洋事务和海洋秩序受《联合国海洋法公约》体系规范和管理，其无疑是一部具有综合性、权威性的立法性条约或框架性条约。[③]

海洋法发展的历史实际就是沿海国家主张的管辖权和其他国家主张的海洋自由、沿海国的自身利益（特殊利益、具体利益）和国际社会的一般利益或普遍利益（如公海自由）相互对立和调整的历史。[④] 换言

① “日内瓦海洋法公约”体系包括日内瓦海洋法四公约和《关于强制解决争端的任择签字议定书》；《联合国海洋法公约》体系主要包括前言、本文、九个附件和两个“执行协定”（即1994年《执行1982年12月10日〈联合国海洋法公约〉第十一部分的协定》和1995年《执行1982年12月10日〈联合国海洋法公约〉有关养护和管理跨界鱼类种群和高度洄游鱼类种群之规定的协定》）。对于《联合国海洋法公约》体系的发展阶段、主要内容和重要原则，以及其与两个“执行协定”之间的关系等内容，参见金永明：《现代海洋法体系与中国的实践》，《国际法研究》2018年第6期。

② 例如，所谓的穷尽性体现在《联合国海洋法公约》的前言中，其指出，本公约缔约各国确认本公约未予规定的事项，应继续以一般国际法的规则和原则为准据；所谓的优先性体现在《联合国海洋法公约》第三百一十一条的规定中。

③ ［日］兼原敦子：《从南海仲裁裁决分析国际法妥当性的论理》，日本：《国际问题》2017年第659期；［日］山本草二：《“联合国海洋法公约”的历史性意义》，日本：《国际问题》2012年第617期。

④ ［日］水上千之：《海洋自由的形成（1）》，日本：《广岛法学》2004年第1期（2004）；金永明：《现代海洋法体系与中国的实践》，《国际法研究》2018年第6期，第36页。

之，在由海洋空间（具有多种不同法律地位和管理制度的海域）和海洋功能（如海洋科学研究、海洋环境的保护和保全、海洋技术的发展和转让等）内容为主构成的《联合国海洋法公约》体系中，存在两大原理——传统自由原理和主权原理的平衡和协调。其中，传统自由原理以海洋为媒介，主要目的是保护发展发达国家尤其是世界海洋强国的国际贸易和商业活动，发挥海洋在交通运输上的功能和作用；而主权原理基本以保护沿海国的具体利益，尤其是沿海国在近岸的渔业资源利益和非生物资源如矿物资源利益为目的，并希望扩大沿海国的管辖空间和范围，以使其获得在经济和安全上的利益。狭义的现代海洋法体系核心《联合国海洋法公约》体系是以上述传统自由原理和主权原理为支柱形成并发展的产物。①

但由上述两大原理形成的《联合国海洋法公约》体系无法持续确保海洋生物资源的养护和海洋环境保护问题，也无法维护国际社会的共同利益（如生物资源利益、海洋环境利益），因为以“陆地支配海洋原则”“距离原则”确定的国家管辖海域范围（国家海洋空间）和以“公平原则”或“衡平原则”划定管辖海域范围的规定，没有考虑生态系统的一体性及其环境要素。如果只是人为地界定海域管辖范围或确定海域划界线区隔海洋生态系统，则保护海洋生物资源及生态系统将会变得非常困难，也是不可能的。② 同时，由于沿海国管辖范围的扩大，包括200海里专属经济区的设立，一些国家尤其是多数发展中国家根本无力和无法管理宽阔的海域，包括监测和处罚在专属经济区内的非法渔业活动、污染海洋环境行为，从而影响对生物资源的养护和海洋环境共同利益的

① ［日］田中嘉文：《“联合国海洋法公约”体制的现代课题与展望》，日本：《国际问题》2012年第617期，第6页。

② 关于由“距离原则”界定的海洋空间（海域）的内容，例如，《联合国海洋法公约》第三条，第三十三条第2款，第五十七条；关于由“公平原则”或“衡平原则”划定的海域界限的内容，例如，《联合国海洋法公约》第七十四条和第八十三条。

保护，所以，在国际社会出现了以共同体原理综合管理海洋，以维护国际利益空间的观点。

国际利益空间，也被称为“国际公域”。国际公域，是指依据国际法，不专属于任何国家，也不接受任何国家的排他性控制，而可被国际社会共同利用的空间；[①] 也有观点认为，所谓的国际利益空间是指与国际共同体的利益有关的空间，或者与多数国家的国民利益直接有关的空间，通常指海洋空间（海域）、河流、大气和宇宙空间。而这里的海洋空间主要是指国家管辖范围以外的区域（如公海、国际海底区域）。也就是说，国际利益空间是指以与利用空间有关的共同利益为基础的概念，是国际社会实现共同利益的场所。[②] 所以，要实现国际利益空间尤其是保护海洋空间利益的目标，就要由有职权的国际组织和国家采用如生态系统管理和事先预防原则那样的新模式、新方法共同对国际利益空间予以综合管理。只有这样，才能实现海洋可持续利用和发展目标。[③]

从国际法的主体看，国家和国际组织管理国际社会的行为和活动是其基本职责，所以由国际组织和国家共同管理诸如海洋资源和空间那样的国际利益空间是应有之义，这是共同体原理的合理要求和归宿，也是实现共同空间利益保护目标的要求。应指出的是，国家不仅是国际法的主要主体，也是国际法制度的主要决策者和实施者，所以国家在国际层面具有双重性，即其既是条约（国际法）的制定者，也是条约（国际法）的实施者。[④]

---

① ［日］桑原辉路：《国际公域的观念》，日本：《一桥论丛》1987 年第 6 期。

② ［日］田中嘉文：《“联合国海洋法公约”体制的现代课题与展望》，日本：《国际问题》2012 年第 617 期。

③ 国际组织和国家保护国际利益空间的模式和方法内容，参见 Yoshifumi Tanaka, Protection of Community Interests in International Law: The Case of the Sea, *Max Planck Yearbook of United Nations Law*, Vol. 15 (2011), pp. 329-375。

④ ［日］田中嘉文：《“联合国海洋法公约”体制的现代课题与展望》，日本：《国际问题》2012 年第 617 期；国家双重功能性和国际法内容，参见［日］西海真树：《“国家的双重功能”与现代国际法》，日本：《世界法年度报告》2001 年第 20 期（2001）。

实际上，由国际组织管理国际利益空间的制度在《联合国海洋法公约》体系中已经存在，即以人类共同继承财产原则为基础的国际海底区域制度，而且《公约》设立了专门管理和控制“区域”内活动的机构——国际海底管理局。[①] 所以，国际海底管理局在《联合国海洋法公约》体系中在立法和执法（管辖）上的职权可以确保国际海底区域内活动的有序开展和有效实施，以实现人类共同继承财产原则之要求和目标。[②] 换言之，建立在人类共同继承财产原则基础上的国际海底区域制度是运用共同体原理的重要举措。其中人类共同继承财产原则是共同体原理的组成部分，并已成为《联合国海洋法公约》体系中的基本原则及不得修改和减损的重要原则。[③] 所以，海洋命运共同体的构建以共同体原理为基础，国家作为国际社会的重要一员，依据双重功能性，也应该发挥维护国际利益空间尤其是海洋空间可持续利用和发展的作用。这就是中国倡导构建海洋命运共同体的本质和法理基础，也是中国对进一步维护和发展海洋秩序的重要贡献。

此外，从第三次联合国海洋法会议（1973—1982 年）审议进程看，其制定通过的《联合国海洋法公约》体系是妥协和折中的产物，不可避免地带有局限性和模糊性，例如岛屿制度要件和海域划界原则的模糊性，“区域”勘探和开发制度中承包者在财政负担和技术转让上的严苛性，未涉及生物多样性之类的术语，也不存在诸如海洋和平利用、适当顾及等用语的解释和概念。为消除这些缺陷和完善有关制度，除由国家

---

① 参见《联合国海洋法公约》第一百三十六条和第一百五十七条第 1 款。

② 国际海底管理局在立法上的职权，体现在《联合国海洋法公约》第一百四十五条、第一百四十六条、第一百四十七条第 2 款第（a）项、第一百六十条第 2 款第（f）项，以及附件三第十七条第 1 款。国际海底管理局在执法（管辖）上的职权，体现在《联合国海洋法公约》附件三第十八条第 1 款、第 2 款，《联合国海洋法公约》的第一百八十五条。

③ 例如，《联合国海洋法公约》第三百一十一条第 6 款规定，缔约国同意对第一百三十六条所载关于人类共同继承财产的基本原则不应有任何修正，并同意它们不应参加任何减损该原则的协议。

实践包括国际司法判决和仲裁裁决丰富内容及其他国际组织（如国际海事组织、世界粮农组织）制定规范性制度予以补充和完善外，各缔约国在《联合国海洋法公约》体系内采用了通过制定1994年和1995年两个《执行协定》的方式对其予以丰富和发展的模式。[①] 但即使如此依然无法改变《联合国海洋法公约》体系在本质上重点是规范开发利用海洋空间和资源行为或活动的属性，无法就如何保护和保全海洋环境作出制度性的具体安排，也无法实现真正的综合性管理海洋的目标。[②]

为此，国际社会提出了在国家管辖范围外区域保护海洋生物多样性的建议和要求，以弥补受制于技术限制和对环境认识不足之缺陷，使《联合国海洋法公约》体系和内容更为全面和有效。有关制定具有法律拘束力的第三个执行协定的事宜已达成共识。其不仅是弥补《联合国海洋法公约》体系的重要举措，也是实现共同体原理目标不可缺少的重要步骤。[③] 换言之，国际社会，特别是国家和国际组织通过共同努力制定和实施的第三个执行协定，包括通过设立海洋保护区的方法养护生物基因资源、制定分配国家管辖范围外区域海洋生物多样性的利益等制度和模式，并明确和平衡各方的责权利，是实现共同体原理目标的重要补充性制度，也是实现共同体原理目标的重要保障。为此，将海洋命运共同体理念及其蕴含的原则和精神融入并固化于新的海洋法制度包括第三个

---

① 金永明：《现代海洋法体系与中国的实践》，《国际法研究》2018年第6期。

② 例如，《联合国海洋法公约》第一百九十二条规定，各国有保护和保全海洋环境的义务。但《联合国海洋法公约》没有定义“海洋环境”的概念，仅在其第一条第1款第（4）点定义了“海洋环境的污染”的概念。所以，《联合国海洋法公约》在本质上具有利用优先于保护的特点，即其是开发利用海洋空间和资源行为或活动的框架性条约。

③ 依据联合国大会于2015年6月19日通过的题为《根据〈联合国海洋法公约〉的规定就国家管辖范围外区域海洋生物多样性的养护和可持续利用问题拟订一份具有法律拘束力的国际文书》的决议内容及发展进程，参见金永明：《国家管辖范围外区域海洋生物多样性养护和可持续利用问题》，《社会科学》2018年第9期。

执行协定内，是我们应该努力的方向和目标。①

（三）海洋命运共同体的目标愿景与基本范畴

由于海洋命运共同体源于人类命运共同体，所以，有必要考察人类命运共同体的基本体系，包括其内容和原则、路径和目标，进而为海洋命运共同体理论体系构建提供方向和遵循。

从人类命运共同体的形成过程看，其基本内容主要体现在以下方面：第一，在政治上，坚持对话协商，建设一个持久和平的世界；第二，在安全上，坚持共建共享，建设一个普遍安全的世界；第三，在经济上，坚持合作共赢，建设一个共同繁荣的世界；第四，在文化上，坚持交流互鉴，建设一个开放包容的世界；第五，在生态上，坚持绿色低碳，建设一个清洁美丽的世界。② 这些内容不仅指出了构建人类命运共同体的具体方式和方法，而且规范了其在各领域的具体的方向和目标，它们构成人类命运共同体体系的基本内容。③

在构建人类命运共同体的过程中，应遵守的原则及要求主要为：第一，尊重各国主权平等原则，以建立平等相待、互商互谅的伙伴关系；第二，利用和平方法解决争端并综合消除安全威胁的原则，以营造公道正义、共建共享的安全格局；第三，尊重公平和开放的自由贸易并实现共同发展的原则，以谋求开放创新、包容互惠的发展前景；第四，应遵守包容互鉴共进并消除歧视的原则，以促进和而不同、兼收并蓄的文明

① 《联合国海洋法公约》第 3 个执行协定，即《〈联合国海洋法公约〉下国家管辖范围以外区域海洋生物多样性的养护和可持续利用协定》（简称《BBNJ 执行协定》）于 2023 年 6 月 19 日在联合国第五次政府间会议再次续会上以协商一致方式获得通过，并于 2023 年 9 月 20 日向国际社会开放签字。

② 习近平：《论坚持推动构建人类命运共同体》，第 418—422 页。

③ 金永明：《新时代中国海洋强国战略治理体系论纲》，《中国海洋大学学报（社会科学版）》2019 年第 5 期。

交流；第五，应遵守环境保护并集约使用资源的原则，以构筑崇尚自然、绿色发展的生态体系。①

从上述原则和要求可以看出，在构建人类命运共同体进程中应遵循的原则包括《联合国宪章》在内的国际法的基本原则和国际关系准则，这样构建人类命运共同体才具有合理合法性。因为人类命运共同体的构建需要以国际法为基础和保障，所以须遵循与其他国家“共商、共建、共享”的原则。换言之，人类命运共同体构建和实施的基础为国际规则，这些国际规则的成立和修改需要各国的参与和协调并反映其意志，而在构建规则的过程中应体现和贯彻“共商、共建、共享”的原则，通过这种方法和路径制定和完善的国际法才能发挥应有的持续作用。

（四）海洋命运共同体的基本属性和具体实践

为实现海洋命运共同体的目标愿景和价值，必须找到合适和可行的构建海洋命运共同体的具体实践路径。鉴于各国发展程度不同，利益诉求不同，发展战略不同，所处环境和要求不同，文化习惯及制度规范相异，所以，海洋命运共同体的构建如人类命运共同体的构建一样，需要分阶段、分步骤、有重点地推进实施。这不仅是由海洋命运共同体自身发展成为现代海洋法体系的理念或原则（习惯）需要时间（国家实践）和意念（法律确信）所致，也是由海洋命运共同体的本质属性或法律属性决定的。②

从海洋命运共同体的法律属性看，推动构建海洋命运共同体的主体是人类。这里的“人类”是指全人类，既包括今世的人类，也包括后世的人类。这体现了海洋是公共产品、国际利益空间及人类共同继承财

① 习近平：《决胜全面建成小康社会　夺取新时代中国特色社会主义伟大胜利》，人民出版社，2017，第58—59页；习近平：《论坚持推动构建人类命运共同体》，第254—258页。

② 例如，《国际法院规约》第三十八条第1款第2项。

产，遵循代际公平原则的本质性要求。而代表人类行动的主体为国家、国际组织及其他重要非政府组织，其中国家是推动构建海洋命运共同体的主要及绝对的主体，起主导及核心的作用。这是由国家在国际法上的主体地位或核心地位决定的。

在客体上，海洋命运共同体规范的是海洋的整体（在海底、海水和海空内的行为或活动），既包括人类开发利用海洋空间和资源的一切活动或行为，也包括对赋存在海洋中的一切生物资源和非生物资源的保护和养护，体现有效合理使用海洋空间和资源的整体性要求。这是由海洋的本质属性（如公益性、关联性、专业性、功能性、流动性、承载力、净化力等要素）所决定的，也体现了对海洋的规范性和整体性要求。其根本出发点是实现海洋可持续利用和发展的目标。①

为此，中国针对海洋权益争议问题的基本立场和态度，可归纳为以下方面：第一，通过平等协商努力达成协议；第二，如果无法达成协议，则制定管控危机的制度，包括兼顾对方的立场和关切，采取“主权属我，搁置争议，共同开发”原则；第三，通过加强合作，尤其是海洋低敏感领域（如海洋环保、海洋科学研究、海上航行和交通安全、搜寻与救助、打击跨国犯罪等）的合作，增进互信，包括达成政治性或原则性共识，为最终解决海洋权益争议创造基础和条件，即以阶段性共识规范和指导各方的行为和活动，并努力促成早期收获，扩大和共享合作利益，实现海洋功能性和规范性的统一，实现合理有效利用海洋空间和资

① 例如，《联合国海洋法公约》在前言中指出，本公约缔约各国应在妥为顾及所有国家主权的情形下，为海洋建立一种法律秩序，以便利国际交通和促进海洋的和平用途，海洋资源的公平而有效的利用，海洋生物资源的养护以及研究、保护和保全海洋环境。

源的目标。[①]

（五）海洋命运共同体的目标愿景展望

如上所述，中国根据海洋自身的特质，以及海洋的空间和资源在经济社会发展中的地位和作用，提出了合理使用海洋和解决海洋问题的政策和倡议，最终目标是构建海洋命运共同体。所以，构建海洋命运共同体既是目标愿景，又是努力的进程和方向，具有多重特征。这不仅符合人类对海洋秩序的要求，而且符合中国长期以来针对海洋的政策和立场。但正如构建人类命运共同体一样，推动构建海洋命运共同体并实现其目标，也需要克服多种困难和挑战，需要运用多种模式和方法，包括双边、区域和国际层面的有效合作，这对于构建和实现海洋命运共同体的总体目标具有重大意义。

要解决这些海洋重大问题，并实现海洋命运共同体的目标，需要运用和平的方法，通过直接协商对话解决分歧，重要的是应运用国际社会存在并广泛接受的国际法规则（如《联合国宪章》和《联合国海洋法公约》）予以处理，即践行“依法治海”理念，并积极参与国际海洋

① 例如，中国针对南海问题及南海仲裁案的立场及态度内容，主要为：《中华人民共和国政府关于菲律宾共和国所提南海仲裁案管辖权问题的立场文件》，载中华人民共和国外交部边界与海洋事务司编《中国应对南海仲裁案文件汇编》，世界知识出版社，2016，第5—27页；《中华人民共和国外交部关于坚持通过双边谈判解决中国和菲律宾在南海有关争议的声明》，中国外交部网，http://www.fmprc.gov.cn/web/zyxw/t13704.shtml，访问日期：2016年6月8日；《中华人民共和国政府关于在南海的领土主权和海洋权益的声明》，人民网，http://world.people.com.cn/n1/2016/0712/c1002-28548370.html，访问日期：2016年7月12日；中华人民共和国国务院新闻办公室：《中国坚持通过谈判解决中国与菲律宾在南海的有关争议》白皮书（2016年7月），载中华人民共和国外交部边界与海洋事务司编《中国应对南海仲裁案文件汇编》，世界知识出版社，2016，第97—124页。中国政府针对东海油气资源的政策与立场内容：《中国东海油气开发活动正当合法》，中国外交部网，http://www.fmprc.gov.cn/mfa_chn/wjbxw_602253/t1283725.shtml，访问日期：2015年7月29日。中国政府针对钓鱼岛问题的政策性文件，主要为：《中华人民共和国外交部声明》（1971年12月30日，2012年9月10日），载国家海洋信息中心编《钓鱼岛——中国的固有领土》，海洋出版社，2012，第25—30页；中华人民共和国国务院新闻办公室：《钓鱼岛是中国的固有领土（2012年9月）》，人民出版社，2012，第1—16页。

新规则的制定工作，发表意见，特别应该遵守已经达成的共识和协议，为最终解决海洋权益争议创造条件和基础，包括在无法达成共识和协议时制定和实施危机管控制度，以延缓和消除紧张态势，为实现和平、合作、友好之海作出中国的持续贡献。

总之，海洋命运共同体的目标愿景是美好的，但构建海洋命运共同体的进程是曲折的，需要我们付出长期而艰巨的努力，核心是确保和拓展共同利益、保护国际空间利益，强化多维多向合作进程，尤其需要合理地处理影响海洋秩序的重大海洋权益争议问题，使其不影响或少影响构建海洋命运共同体的总体进程，以便使海洋命运共同体理念所蕴含的本质属性被他国接受并发展成为海洋领域的重要原则，实现认识统一、环境稳定和利益共享的海洋命运共同体核心价值。这应该是我们长期持续努力的方向和追求的目标。

第三节　海洋秩序与海洋规则的关系

随着人类依赖海洋程度的加深，海洋的空间及资源成为各国竞相争夺的对象。合理地开发和利用海洋的空间及资源，实现有效利用海洋和公平正义目标需要对海洋秩序予以规范和维护。其中，海洋规则就是维护海洋秩序、实现海洋可持续发展的重要手段。实际上，维护海洋秩序的规则基础已由传统的海洋自由原则（绝对自由）、适当顾及原则（相对自由）发展到共同体原理（海洋综合性管理）。同时，控制海洋的方式和能力已由武力（硬实力）发展到规则（软实力）和责任。其目的是实现从控制海洋、利用海洋到保护海洋的升华，以使海洋更具开放性、包容性和可持续性。笔者认为，海洋秩序与海洋规则具有相互促进和提升的关系。

第一，海洋秩序的基础。海洋秩序的基础是海洋自由，即海洋对所有人开放，禁止私人占有及分割。这是从海洋的本质、功能和万民法等视角得出的结论。海洋秩序以发挥人类生存所需和各地物产的比较优势，实现人员交往、物资运输交换为目标。而维持海洋交流交往的主要方式是军事力量，其目的是实现排他性用海、独享资源并获取暴利。所以，传统海权具有垄断性和军事性。

第二，海洋秩序的变化。针对雨果·格劳秀斯的海洋自由论，为维护英国对沿岸海域的控制尤其是确保国内法对有关渔业活动的规范得到实施，使英国对海洋的控制正当化，约翰·塞尔登提出了“领有海洋”的观点，即沿海国对海洋的控制可到武力或武器所及范围，这可谓领海制度的萌芽。

第三，海洋秩序的规范。为使海洋行为、海洋活动有序化、规范化和可预见，需要制定海洋规则（海洋法），以维护和确保海洋秩序。而海洋法的历史由来已久，其主要内容是从适用于海上通商关系的罗德法（Lex Rhodia）发展起来的。现今，国际海洋法中最具代表性的成文法为1958年的“日内瓦海洋法公约”体系（四个公约+《关于强制解决争端的任择签字议定书》）和1982年的《联合国海洋法公约》体系（本文+九个附件+执行协定）。在其关系上，《联合国海洋法公约》是对“日内瓦海洋法公约”的继承和发展；在其适用上，《联合国海洋法公约》优于“日内瓦海洋法公约”（第三百一十一条第1款）。

第四，海洋法的内容。《联合国海洋法公约》体系主要包括三个方面的内容：（1）对各种不同属性海域（如领海、群岛水域、毗连区、专属经济区和大陆架、公海，以及国际海底区域）的规范，包括海域的地位、沿海国和其他国家的权利和义务。（2）对海洋各种功能性事项的规范（如用于国际航行的海峡、海洋渔业、海洋科学研究、海洋环境的保护和保全、海洋技术的发展和转让)。(3) 海洋各种类型争端的解决制度，即海洋争端解决机制（如第15部分、附件5—8)。此外，《联合国海洋法公约》体系内设机构（如大陆架界限委员会、国际海底管理局、国际海洋法法庭）制定的制度和规范（裁决)、《联合国海洋法公约》体系外机构（如国际海事组织、联合国教科文组织）作出的决议和制定的制度，以及国际性争端解决机构的判决和裁决、各国的实践等，也构成海洋法的重要组成部分。

事实上，《联合国海洋法公约》自1982年制定以来，已有40余年的历程，从批准加入成员数量（168个，包括欧盟)，以及各国对其的态度看，其已成为国际社会普遍遵守的重要规则，即多数规则已成为习惯法规则，成为规范海洋事务的权威性、框架性的法律文书。

第五，海洋法的实施。要使国际法，包括海洋法内容在国际社会得到遵守，需要将海洋法内容融入各国国内海洋法中并诚意履行，以便其得到贯彻和发展。例如，《维也纳条约法公约》第二十六条规定，凡有效之条约对其各当事国有拘束力，必须由各该国善意履行；《联合国海洋法公约》第三百条规定，缔约国应诚意履行根据本公约承担的义务并应以不致构成滥用权利的方式，行使本公约所承认的权利、管辖权和自由。

此外，《维也纳条约法公约》第二十七条规定，一当事国不得援引其国内法规定为理由而不履行条约，即国内法的规定不能优先于条约，或称为“禁止援引国内法原则”。换言之，通过吸收或转换的方式制定的国内海洋法应符合国际海洋法的内容，包括原则和制度，否则不具有对抗性。应该说，《联合国海洋法公约》规范的原则和制度得到了较好的遵守并发挥了应有的作用。这是值得肯定的。

第六，海洋法的保障。尽管《联合国海洋法公约》是综合和全面地规范海洋事务的法律文书，也取得了较好的实施效果，但不可避免的是，其也存在着一些缺陷，包括在谈判审议过程中受到理念、利益、技术、政治妥协及一揽子交易等因素的限制，所以不可能十分完美。这些缺陷使得其在实践中呈现分歧和对立。对此，《联合国海洋法公约》制定了保障性或预备性规定。

例如，对于未予规定的事项，《联合国海洋法公约》前言指出，各缔约国确认本公约未予规定的事项，应继续以一般国际法的规则和原则为准据；对于法院或法庭应适用的国际法，第二百九十三条第 1 款规定，根据本节（导致有拘束力裁判的强制程序）具有管辖权的法院或法庭应适用本公约和其他与本公约不相抵触的国际法规则；对于专属经济区内未予归属的权利而产生的冲突，第五十九条规定，这种冲突应在公平的基础上参照一切有关情况，考虑到所涉利益分别对有关各方和整个国际社会的重要性，加以解决。这些条款内容为解决未予规定的事项提供了方向和指针，对于国家间争端或冲突的解决，具有保障作用。

第七，海洋法的发展。从海洋法的发展历程看，为实现《联合国海洋法公约》的普遍化进程，消除公海渔业资源因过度捕捞导致的枯竭现象，发展科技和加强对海洋生物多样性的保护，国际社会制定了《关于执行 1982 年 12 月 10 日〈联合国海洋法公约〉第十一部分的协定》(1994 年)、《执行 1982 年 12 月 10 日〈联合国海洋法公约〉有关养护和管理跨界鱼类种群和高度洄游鱼类种群的规定的协定》（1995 年)，以及新近通过的《〈联合国海洋法公约〉下国家管辖范围以外区域海洋生物多样性的养护和可持续利用协定》（2023 年 6 月)，以实现保护海洋多重、多种法益目标。

可见，海洋法特别是《联合国海洋法公约》，是一部动态和持续发展的法律文书，以实现为海洋建立一种法律秩序，以及和平、有效利用海洋，养护海洋生物资源和保护、保全海洋环境的目标。

第八，海洋法与中国。中国全国人民代表大会常务委员会于 1996

年5月15日通过了关于批准《联合国海洋法公约》的决定，于1996年6月7日向联合国秘书长提交了批准书，自1996年7月7日起《联合国海洋法公约》开始对中国生效。为履行《联合国海洋法公约》义务，中国依据其原则和制度制定了多部涉海法律和规章，形成了中国海洋法制度体系，对于丰富和发展国际海洋法作出了贡献。

中国提出的构建海洋命运共同体理念，需要在多个层面予以阐释，特别需要在适用范围、功能和作用、融入规则的路径等方面加强研究，以达成共识和理解，并维系海洋秩序，为提升海洋治理能力和丰富海洋规则作出贡献。

参考文献

一、中文译著

阿尔弗雷德·塞耶·马汉：《大国海权》，熊显华编译，江西人民出版社，2011。

阿尔弗雷德·塞耶·马汉：《海权论》，范利鸿译，陕西师范大学出版社，2007。

阿尔弗雷德·塞耶·马汉：《海权论——海权对历史的影响》，冬初阳译，时代文艺出版社，2014。

安德鲁·S. 埃里克森等主编《中国走向海洋》，董绍峰、姜代超译，海洋出版社，2015。

安德鲁·克拉彭：《布赖尔利万国公法（第 7 版）》，朱利江译，中国政法大学出版社，2018。

奥拉夫·施拉姆·斯托克：《治理南极：南极条约体系的有效性和合法性》，王传兴等译，海洋出版社，2019。

奥兰·R. 扬：《全球治理的大挑战：动荡年代的全球秩序》，杨剑、徐晓岚译，格致出版社、上海人民出版社，2023。

巴里·布赞、琳娜·汉森：《国际安全研究的演化》，余潇枫译，浙江大学出版社，2011。

巴里·布赞：《海底政治》，时富鑫译，生活·读书·新知三联书店，1981。

保罗·肯尼迪：《英国海上主导权的兴衰》，沈志雄译，人民出版社，2014。

布鲁斯·卡明思：《海洋上的美国霸权：全球化背景下太平洋支配地位的形成》，胡敏杰、霍忆湄译，新世界出版社，2018。

大卫·戴：《南极洲：从英雄时代到科学时代》，李占生译，商务印书馆，2017。

俄罗斯国际事务委员会：《北极地区：国际合作问题》，熊友奇等译，世界知识出版社，2016。

盖尔·荷内兰德：《俄罗斯和北极》，邹磊磊等译，中国社会科学出版社，2019。

格劳秀斯：《海洋自由论》，拉尔夫·冯·德曼·马戈芬英译，马呈元译，中国政法大学出版社，2017。

格劳秀斯：《论海洋自由或荷兰参与东印度贸易的权利》，马忠法译，张乃根校，上海人民出版社，2005。

格劳秀斯：《论海洋自由或荷兰参与东印度贸易的权利》，马忠法译，张乃根校，上海人民出版社，2013。

哈罗德·斯普雷特、玛格丽特·斯普雷特：《美国海军的崛起》，王忠奎、曹菁译，上海交通大学出版社，2015。

肯尼思·华尔兹：《国际政治理论》，信强译，苏长和校，上海人民出版社，2008。

路易斯·宋恩等：《海洋法精要》，傅崐成等译，上海交通大学出版社，2014。

罗伯特·基欧汉、约瑟夫·奈：《权力与相互依赖》，门洪华译，北京大学出版社，2012。

罗伯特·詹宁斯：《国际法上的领土取得》，孔令杰译，商务印书馆，2018。

麻田贞雄：《从马汉到珍珠港：日本海军与美国》，朱任东译，新华出版社，2015。

美国海洋政策委员会：《21世纪海洋蓝图》，国家海洋信息中心译，2004。

乔治·贝尔：《美国海权百年：1890—1990年的美国海军》，吴征宇译，人民出版社，2014。

维克托·普雷斯科特、克莱夫·斯科菲尔德：《世界海洋政治边界》，吴继陆、张海文译，海洋出版社，2014。

亚历山大·温特：《国际政治的社会理论》，秦亚青译，上海人民出版社，2008。

约翰·查尔斯·史乐文：《“兴风作浪”：政治、宣传与日本帝国海军的崛起（1868—1922）》，刘旭东译，人民出版社，2016。

约翰·米尔斯海默：《大国政治的悲剧（修订版）》，王义桅、唐小松译，上海人民出版社，2015。

兹比格纽·布热津斯基：《大棋局：美国的首要地位及其战略》，中国国际问题研究所译，上海人民出版社，1998。

二、中文著作

白海军：《海洋霸权：美国的全球海洋战略》，江苏人民出版社，2014。

北极问题研究编写组编《北极问题研究》，海洋出版社，2011。

陈德恭：《现代国际海洋法》，海洋出版社，2009。

陈力：《中国南极权益维护的法律保障》，上海人民出版社，2018。

陈玉刚、秦倩：《南极：地缘政治与国家权益》，时事出版社，2017。

傅崐成：《海洋法相关公约及中英文索引》，厦门大学出版社，2005。

高健军：《〈联合国海洋法公约〉项下仲裁程序规则研究》，知识产权出版社，2020。

高健军：《中国与国际海洋法——纪念〈联合国海洋法公约〉生效10周年》，海洋出版社，2004。

巩建华、李林杰等：《中国海洋政治战略概论》，海洋出版社，2015。

顾卫民：《葡萄牙海洋帝国史》，上海社会科学院出版社，2018。

郭培清、石伟华编《南极政治问题的多角度探讨》，海洋出版社，2012。

郭培清等：《北极航道的国际问题研究》，海洋出版社，2009。

郭渊：《地缘政治与南海争端》，中国社会科学出版社，2011。

胡波：《后马汉时代的中国海权》，海洋出版社，2018。

贾兵兵：《国际公法：和平时期的解释与适用（第二版）》，清华大学出版社，2022。

金永明：《新时代中国海洋强国战略研究》，海洋出版社，2018。

金永明：《新中国的海洋政策与法律制度》，知识产权出版社，2020。

金永明：《中国海洋法理论研究》，上海社会科学院出版社，2014。

金永明主编《海洋治理与中国的行动（2021）》，社会科学文献出版社，2022。

金永明主编《海洋治理与中国的行动（2022）》，社会科学文献出版社，2023。

鞠海龙：《中国海权战略》，时事出版社，2010。

鞠海龙：《中国海上地缘安全论》，中国环境科学出版社，2004。

李国强：《南中国海研究：历史与现状》，黑龙江教育出版社，2003。

李浩培：《条约法概论》，法律出版社，2003。

李双建主编《主要沿海国家的海洋战略研究》，海洋出版社，2014。

廉德瑰、金永明：《日本海洋战略研究》，时事出版社，2016。

廉德瑰：《日本的海洋国家意识》，时事出版社，2012。

梁芳：《海上战略通道论》，时事出版社，2011。

梁西原著主编、王献枢副主编、曾令良修订主编《国际法（第三版）》，武汉大学出版社，2011。

刘丹：《无人机海洋应用的国际法问题》，世界知识出版社，2022。

刘惠荣、董跃：《海洋法视角下的北极法律问题研究》，中国政法大学出版社，2012。

刘惠荣主编《北极地区发展报告（2014）》，社会科学文献出版社，2015。

刘中民：《世界海洋政治与中国海洋发展战略》，时事出版社，2009。

吕耀东：《日本国际战略及政策研究》，社会科学文献出版社，2021。

牟方君、孙利龙编《世界海洋政治概论》，武汉理工大学出版社，2017。

倪乐雄：《文明转型与中国海权：从陆权走向海权的历史必然》，文汇出版社，2011。

倪世雄、刘永涛：《美国问题研究（第六辑）》，时事出版社，2007。

潘敏：《国际政治中的南极：大国南极政策研究》，上海交通大学出版社，2015。

秦亚青：《全球治理：多元世界的秩序重建》，世界知识出版社，2019。

石莉等：《美国海洋问题研究》，海洋出版社，2011。

苏格主编《世界大变局与新时代中国特色大国外交》，世界知识出版社，2020。

王铁崖主编《国际法》，法律出版社，1995。

吴士存：《南沙争端的起源与发展（修订版）》，中国经济出版社，2013。

吴士存：《南沙争端的由来与发展：南海纷争史国别研究》，中华书局，2022。

习近平：《习近平谈"一带一路"》，中央文献出版社，2018。

习近平：《习近平著作选读（第一卷）》，人民出版社，2023。

习近平：《习近平著作选读（第二卷）》，人民出版社，2023。

修斌：《日本海洋战略研究》，中国社会科学出版社，2016。

徐弃郁：《脆弱的崛起：大战略与德意志帝国的命运》，新华出版社，2011。

阎学通：《世界权力的转移：政治领导与战略竞争》，北京大学出版社，2015。

颜其德、朱建钢主编《南极洲领土主权与资源权属问题研究》，上海科学技术出版社，2009。

杨伯江、刘瑞主编《"一带一路"推进过程中的日本因素》，中国社会科学出版社，2016。

杨伯江主编《日本蓝皮书：日本研究报告（2017）》，社会科学文献出版社，2017。

杨剑编《亚洲国家与北极未来》，时事出版社，2015。

杨剑等：《北极治理新论》，时事出版社，2014。

杨洁勉：《中国特色大国外交的理论探索和实践创新》，世界知识出版社，2019。

杨金森：《海洋强国兴衰史略》，海洋出版社，2007。

杨金森：《海洋强国兴衰史略（第二版）》，海洋出版社，2014。

杨文鹤、陈伯镛：《海洋与近代中国》，海洋出版社，2014。

袁发强等：《航行自由的国际法理论与实践研究》，北京大学出版社，2018。

张海文主编《〈联合国海洋法公约〉释义集》，海洋出版社，2006。

张良福：《中国与邻国海洋划界争端问题》，海洋出版社，2006。

张炜主编《国家海上安全》，海潮出版社，2008。

张文木：《论中国海权（第二版）》，海洋出版社，2010。

张晏瑲：《国际海洋法》，清华大学出版社，2015。

赵隆：《北极治理范式研究》，时事出版社，2014。

郑泽民：《南海问题中的大国因素：美日印俄与南海问题》，世界知识出版社，2010。

中国现代国际关系研究院海上通道安全课题组：《海上通道安全与国际合作》，时事出版社，2005。

朱坚真主编《中国海洋安全体系研究》，海洋出版社，2015。

《国际公法学》编写组编《国际公法学》，高等教育出版社，2016。

《习近平法治思想概论》编写组编《习近平法治思想概论》，高等教育出版社，2021。

三、外文原著

Alexander Proelss eds., *The United Nations Convention on the Law of the Sea: A Commentary* (Hart Publishing, 2017).

Bardo Fassbender and Anne Peters eds., *The Oxford Handbook of the History of International Law* (Oxford University Press, 2012).

Dai Tamada, Keyuan Zou eds., *Implementation of the United Nations Convention on the Law of the Sea: State Practice of China and Japan* (Springer, 2021).

Donald R. Rothwell and Tim Stephens, *The International Law of the Sea* (Hart Publishing, 2016).

James Crewford, *Brownlie's Principles of Public International Law* (9th edition) (Oxford University Press, 2019).

James Kraska, *Maritime Power and the Law of the Sea: Expeditionary Operations in World Politics* (Oxford University Press, 2011).

Lassi Heininen eds., *Future Security of the Global Arctic: State Policy, Economic Security and Climate* (Springer, 2016).

Robin Churchill, Vaughan Lowe, Amy Sander, *The Law of the Sea* (4th edition) (Manchester University Press, 2022).

Rosalyn Higgins, etc., *Oppenheim's International Law: United Nations*, Vol. 1-2 (Oxford University Press, 2017).

Satya N. Nandan and Shabtai Rosenne eds., *United Nations Convention on the Law of the Sea 1982: A Commentary* (Martinus Nijhoff Publishers, 2003).

Sir Robert Jennings and Sir Arthur Watts eds., *Oppenheim's International Law: Peace* (9th edition), Vol. 1 (Oxford University Press, 1996).

Yoshifumi Tanaka, *The International Law of the Sea* (3rd edition) (Cambridge University Press, 2019).

坂元茂树:《日本的海洋政策与海洋法》，日本：信山社，2018。

高林秀雄:《联合国海洋法公约的成果与课题》，日本：东信堂，1996。

松井芳郎、富冈仁、坂元茂树等编《21 世纪的国际法与海洋法的课题》，日本：东信堂，2016。

田中则夫:《国际海洋法的现代形成》，日本：东信堂，2015。

后　记

呈现在读者面前的《海洋政治概论》是中国海洋大学国际事务与公共管理学院政治学系、中国海洋大学人文社会科学重点团队“海洋治理与中国”有关人员组织策划的集体成果。我们编辑出版《海洋政治概论》教材的出发点主要包括以下方面。

第一，阐释习近平新时代中国特色社会主义思想的丰富内涵和精神实质。习近平新时代中国特色社会主义思想已成为我们党和国家指导建设中国特色社会主义现代化各项工作的重要方针和行动指南，其蕴含的内涵和实质极其丰富，包括外交思想、经济思想、生态文明思想、法治思想、强军思想等方面，将这些内容融入《海洋政治概论》教材有重大的意义和价值。

第二，研究海洋政治的重要价值和学术贡献。海洋已成为国际社会竞争和合作的重要舞台。海洋是各国竞相获取的资源。海洋政治、海洋安全和海洋经济，以及海洋科技直接关乎国家的主权、安全和发展利益，所以选取海洋政治领域加以研究，对于进一步借鉴历史传统和他国经验，丰富和发展中国海洋强国战略思想，推动海洋事业发展具有借鉴性和启示性，也有利于中国加快推进海洋命运共同体建设。

第三，组织撰写海洋政治教材的基础和条件。中国海洋大学在十余年前就开设了诸如海洋政治、世界海洋政治之类的本科生和研究生课程，需要有一本诸如《海洋政治概论》那样的教材。同时，中国海洋大学是具有海洋研究特色的综合性大学，尤其是“海洋治理与中国”研究团队多数人员长期关注和研究海洋问题，具有撰写海洋政治教材有关内容的条件，所以我们自 2020 年 8 月起就启动策划了《海洋政治概论》的教材编制工作。

第四，多方支持和学科建设推动了该项工作进程。自我们实质性启动《海洋政治概论》教材编制工作以来，该工作得到了各级单位的支持，特别是中国海洋大学教务处将《海洋政治概论》教材作为培育项目（2021—2022 年）并提供出版费用。同时，我们所在单位国际事务与公共管理学院的学科评估指标和要求也推动了该项工作进程，包括资助出版费，以实质性推进学科发展更上一层楼。

总之，《海洋政治概论》教材的组织策划和推进工作得到了大家的大力支持、悉心指导和积极帮助，是各方集体合作的结晶。

本教材的结构和框架由金永明统筹，金永明承担了前言、第四章第二节、第五章第一节和第二节（部分）、第三节的撰写工作；宋宁而承担第一章，董利民承担第二章，李大陆承担第三章，郭培清承担第四章第一节，弓联兵承担第五章第二节（部分）的撰稿工作。但因受时间和学识等的限制，本教材框架和内容还存在一些不足，欢迎读者批评指正，以便再版时修改完善。当然，作者各自撰写内容的观点并不代表所在单位的立场，文责自负。此外，中国海洋大学国际事务与公共管理学院的冯元同学对于本书的编辑、出版和财务报销等做了大量的组织协调工作，特此鸣谢！

最后，感谢世界知识出版社编辑，是她们热忱、细心和负责的工作使本教材得以尽早保质出版面世。

谢谢大家！

中国海洋大学特聘教授
金永明
2022 年 3 月 28 日